高等职业教育工业机器人技术系列教材

工业机器人技术基础及应用

主　编　田小静

副主编　王燕泽　张艳霞

参　编　叶　婷　刘　冬

机械工业出版社

CHINA MACHINE PRESS

本书以 ABB 工业机器人为对象，采用 YL-1351A 型六自由度工业机器人实训设备及 YL-1355A 型工业机器人焊接系统控制与应用设备，结合工业机器人应用编程"1+X"证书应知应会知识要求编写而成。本书主要内容包括工业机器人基础、工业机器人操作基础、工业机器人编程基础、工业机器人硬件及通信基础、ABB 工业机器人应用实例五个项目。在 ABB 工业机器人应用实例项目中，将常用工业机器人的搬运、码垛、焊接等内容通过现场编程和离线编程两种方式进行讲解，扩大了工业机器人技术的应用范围，具有很强的实践意义。另外，本书每个项目中的重点、难点知识都通过视频、动画或现场操作等方式进行辅助介绍，从而使学习过程中的知识点更加直观、易懂，使读者快速掌握工业机器人技术。

本书可作为高等职业院校、技师与技工院校工业机器人机电一体化、电气自动化等专业的教材，也可作为相关岗位工程技术人员的培训教材。

为方便教学，本书配套有视频、动画等教学资源，并以二维码形式穿插于各个模块中。另外，本书还配套有助教课件，选择本书作为授课教材的教师可来电（010-88379195）索取，或登录 www.cmpedu.com 网站，注册后免费下载。

图书在版编目（CIP）数据

工业机器人技术基础及应用/田小静主编. —北京：机械工业出版社，2020.8（2022.1 重印）
高等职业教育工业机器人技术系列教材
ISBN 978-7-111-66182-5

Ⅰ.①工… Ⅱ.①田… Ⅲ.①工业机器人-高等职业教育-教材 Ⅳ.①TP242.2

中国版本图书馆 CIP 数据核字（2020）第 132871 号

机械工业出版社（北京市百万庄大街 22 号 邮政编码 100037）
策划编辑：赵红梅 责任编辑：赵红梅 柳 瑛
责任校对：王 延 封面设计：马精明
责任印制：常天培
北京机工印刷厂印刷
2022 年 1 月第 1 版第 3 次印刷
184mm×260mm·12 印张·295 千字
3901—5800 册
标准书号：ISBN 978-7-111-66182-5
定价：39.00 元

电话服务 网络服务
客服电话：010-88361066 机 工 官 网：www.cmpbook.com
010-88379833 机 工 官 博：weibo.com/cmp1952
010-68326294 金 书 网：www.golden-book.com
封底无防伪标均为盗版 机工教育服务网：www.cmpedu.com

前　言

为贯彻落实《国家职业教育改革实施方案》的指导思想和工作任务，打造具有职业教育类型特色的教材，西安航空职业技术学院与亚龙智能装备集团股份有限公司联合其他几所学校共同编写此立体化教材。

本书在内容编写上以工业机器人技术应用实践为主，简化理论，最大化还原实际应用，符合目前教育部推行的"1+X"证书制度试点工作中对工业机器人技术技能型人才培养目标的要求；在结构编排上以 ABB 工业机器人的应用为例，循序渐进，遵循读者认知规律，坚持趣味导学原则，通过典型案例解说，达到理论认知和操作实践一体化。

本书共分为五个项目，分别是工业机器人基础、工业机器人操作基础、工业机器人编程基础、工业机器人硬件及通信基础、ABB 工业机器人应用实例。每个项目都配有对应的操作视频、电子课件、习题等，符合立体化教材的建设要求，期待读者通过对本书的学习，掌握工业机器人操作与编程的基本技能，达到触类旁通的效果。

本书为校企合作"双元"建设教材，配套立体化教学资源，注重学生安全文明操作意识与小组协作精神的培养。

本书由西安航空职业技术学院田小静任主编，亚龙智能装备集团股份有限公司王燕泽、郑州信息科技职业学院张艳霞任副主编，西安航空职业技术学院叶婷、淮海技师学院刘冬参与编写。田小静编写项目五，王燕泽编写项目二，张艳霞编写项目三，叶婷编写项目四，刘冬编写项目一。在编写过程中，编者参阅了相关书籍和网络资料，还得到了亚龙智能装备集团股份有限公司、ABB（中国）有限公司上海分公司的大力支持，在此深表感谢。许多兄弟院校的同行及专家对本书编写提出了很多宝贵意见，在此一并表示感谢。

由于编者水平有限，书中难免有不当之处，恳请读者批评指正，可将意见和建议反馈至
E-mail：36722038@ qq. com。

编　者

目　录

项目一

工业机器人基础

工业机器人可以替代人类从事危险、有害、有毒、低温和高热等恶劣环境中的工作，替代人完成繁重、单调的重复劳动，提高劳动生产率，保证产品质量，在经历几十年的发展后，已成为制造业中必不可少的生产装备。本项目我们将从机器人概念、分类、组成及应用出发，进一步了解工业机器人。

学习目标

➢ 了解工业机器人的概念
➢ 了解工业机器人品牌及发展趋势
➢ 熟悉工业机器人的分类及应用领域

学习任务一 工业机器人概述

1. 工业机器人概念

工业机器人是面向工业领域的多关节机械手或多自由度的机器装置，它能自动执行工作，是靠自身动力和控制能力来实现各种功能的一种机器。它是在机械手的基础上发展起来的，国外称之为 Industrial Robot（工业机器人）。

国内机器人专家从应用环境出发，将机器人分为两大类，即工业机器人和特种机器人。工业机器人就是面向工业领域的多关节机械臂或多自由度机器人，特种机器人则是除工业机器人之外，用于非制造业并服务于人类的各种先进的机器人，包括服务机器人、水下机器人、娱乐机器人、军用机器人、农业机器人等。

工业机器人技术作为 20 世纪人类最伟大的发明之一，自 20 世纪 60 年代初问世以来，经历几十年的发展已取得长足的进步。工业机器人在经历了诞生——成长——成熟期后，已成为制造业中必不可少的装备。

2. 工业机器人的行业应用分析

（1）工业机器人市场

自 2012 年以来，工业机器人市场销量正以年均 15.2% 的速度快速增长。据 IFR（the International Federation of Robotics，国际机器人联盟）统计显示，2016 年全球工业机器人销售额首次突破 132 亿美元，近年来，在工业 4.0 及 "中国制造 2025" 政策的引导下，中国机器人产业整体市场规模持续扩大。2017 年，中国机器人产业整体规模超过 1200 亿元，同比增长 25.4%，增速保持全球第一。

（2）工业机器人使用密度

工业机器使用密度是指每万名工人配套使用工业机器人的数量。该指标是反映一个国家制造水平的重要参数。近年来，全球工业机器人行业保持快速发展，《中国机器人产业分析报告 2018》指出，2017 年，随着中国制造业应用需求的高速增长，工业机器人销量为 14.6 万台，同比增长 67.7%，使用密度达 88 台/万人，首次超过全球平均水平。

（3）工业机器人技术人才缺失

工业机器人作为智能制造的基础支撑装备，被誉为"制造业皇冠顶端的明珠"，是制造业发展水平的重要标志。当前，我国工业机器人产业发展仍存在一定的短板，一个重要原因就是高技能人才的短缺。《中国工业机器人行业产销需求预测与转型升级分析报告》指出，全国的就业人员有 7.7 亿，技术工人则只有 1.65 亿，其中高技能人才仅有 4700 多万。换句话说，技术工人占就业人员的比重约占 20%，而高技能人才只占 6%。2019 年 5 月，印发的《职业技能提升行动方案（2019-2021 年）》中也提到，高技能人才短缺已成为我国产业转型升级的一大瓶颈。

按照工业和信息化部的发展规划，到 2020 年年底，工业机器人装机量将达到百万台，而与之相对应的高技能人才需求将达到 20 万人。人才紧缺正在影响着工业机器人在国内的推广与普及，多地已经出现相关技术人才招聘难的问题，工业机器人人才培养迫在眉睫。

（4）工业机器人应用领域核心岗位

工业机器人应用领域的核心岗位分布见图 1-1，从图中我们可以看到最大的应用领域是机器人操作，占了整个应用领域的 29%，22% 是安装调试，14% 是技术支持，因此对于机器人操作的学习是很重要的。

3. 工业机器人的品牌

随着智能装备的发展，机器人在工业制造中应用的优势越来越显著，机器人企业犹如雨后春笋般出现，其中占据主导地位企业见表 1-1。

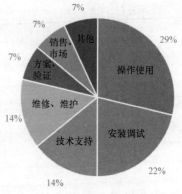

图 1-1　工业机器人应用
领域核心岗位分布

表 1-1　占主导地位的工业机器人品牌

品牌及国家	特点
发那科（FANUC）—日本	FANUC 机器人是全球使用量最多的品牌之一，是世界机器人四大家族之一。FANUC 机器人产品系列多达 240 种，负重从 0.5~1350kg，广泛应用在装配、搬运、焊接、铸造、喷涂、码垛等生产环节
安川（Yaskawa）—日本	Yaskawa 机器人是世界机器人四大家族之一，广泛应用在焊接、搬运、装配、喷涂以及放置在无尘室内的液晶显示器、等离子显示器和半导体制造的搬运等领域
库卡（KUKA）—德国	KUKA 机器人是世界机器人四大家族之一，广泛应用于汽车、冶金、食品和塑料成形等行业
ABB—瑞典	ABB 机器人是世界机器人四大家族之一，广泛应用在焊接、装配、铸造、密封涂胶、材料处理、包装、喷漆、水切割等领域。目前，中国已经成为 ABB 全球第一大市场
川崎（Kawasaki）—日本	川崎机器人广泛应用在饮料、食品、肥料、太阳能、炼瓦等领域
新松（SIASUN）—中国	新松机器人广泛应用于汽车整车及汽车零部件、工程机械、轨道交通、低压电器、电力、IC 装备、军工、烟草、金融、医药、冶金及印刷出版等行业

在众多的机器人品牌中，慢慢形成世界上公认的四大家族，分别是 ABB、KUKA、FANUC 及 Yaskawa。本书以 ABB 机器人为例，进行操作和编程的介绍。

4. 我国工业机器人发展态势

我国工业机器人起步较晚，但发展很快，经历 20 世纪 70 年代的萌芽期，80 年代的开发期，90 年代的实用期，先后研制出了点焊、弧焊、装配、喷涂、切割、搬运、包装码垛等各种用途的工业机器人。到 2014 年中国已成为全球最大的机器人市场。目前已经形成百余家从事机器人研发设计、生产制造、工程应用以及零部件配套的产业集群。

课后练习

阐述工业机器人的概念，并说说你想从事的工业机器人技术岗位。

学习任务二　工业机器人分类及应用

1. 工业机器人的分类

工业机器人可按照功能、结构、关节数量、应用领域等条件进行分类。这里我们从最直观的关节数与结构为例将工业机器人分为串联六关节工业机器人、并联三/四关节工业机器人（Delta）、水平四关节工业机器人（SCARA）、人机协作工业机器人、七关节工业机器人（喷涂、协作）。

工业机器人
分类及应用

（1）串联六关节工业机器人

串联六关节工业机器人是当今工业领域中最常见的工业机器人形态之一，适用于诸多工业领域的机械自动化作业，例如，自动装配、加工、搬运、焊接（点焊、弧焊）、表面处理、测试、测量等工作，见图 1-2。

（2）四关节工业机器人（搬运、码垛）

四关节工业机器人相对于六关节工业机器人省去了第五关节（腕关节）和第四关节（小臂旋转），这种机器人在搬运、码垛时更快、更为稳定，在相同臂展及结构下，四关节工业机器人比六关节工业机器人承担的负载更大一些，这更有助于快速地搬运重物，见图 1-3。

图 1-2　串联六关节工业机器人

图 1-3　四关节工业机器人

（3）并联三/四关节工业机器人（Delta）

并联三/四关节工业机器人又名 Delta 机器人、并联机器人或蜘蛛手机器人，具有三个空间自由度和一个转动自由度，通过示教编程或视觉系统捕捉目标物体，由三个并联的伺服轴确定抓具中心（TCP）的空间位置，实现对目标物体的快速拾取、分拣、装箱、搬运、加工等操作。主要应用于乳品、食品、药品和电子产品等行业，具有重量轻、体积小、速度快、定位精、成本低、效率高等特点，见图1-4。

（4）水平四关节工业机器人（SCARA）

水平四关节工业机器人又名SCARA机器人。该工业机器人有三个旋转关节，其轴线相互平行，在平面内进行定位和定向运动；另一个关节是移动关节，用于完成工业机器人末端在垂直于平面方向上的运动。SCARA机器人广泛应用于塑料工业、汽车工业、电子产品工业、药品工业和食品工业等领域。它的主要职能是快速搬取零件和装配，见图1-5。

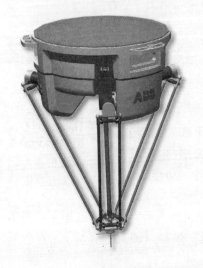

图1-4　Delta机器人

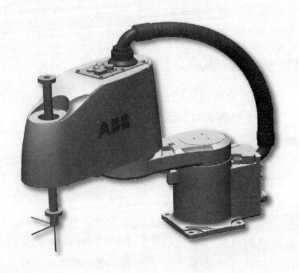

图1-5　水平四关节工业机器人

（5）人机协作工业机器人

人机协作工业机器人是和人类在共同工作空间中有近距离互动的机器人。这种机器人可以完成灵活度要求较高的精密电子零部件的装配与分拣工作，在工作时能与人类并肩作战。机器人全身都覆盖有感知装置，即使在工作中触碰到人类也能及时做出反应，以便继续作业，见图1-6。

（6）七关节喷涂工业机器人

喷涂工业机器人腕部一般有2~3个自由度，可灵活运动。较先进的喷涂机器人腕部采用柔性手腕，既可向各个方向弯曲，又可转动，其动作类似人的手腕，能方便地通过较小的区域伸入工件内部，喷涂其内表面。喷涂工业机器人一般采用液压驱动，具有动作速度快、防爆性能好等特点，可通过手把手示教或点位示数来实现示教。喷涂工业机器人广泛用于汽车、仪表、电器、搪瓷等工艺生产部门，见图1-7。

2. 工业机器人应用领域

现阶段工业机器人应用领域大致可以分为抛光打磨、清洗、装配、切割、喷涂/涂胶、机床上下料、码垛/搬运、焊接、铸造、分拣等。其中应用量最大、应用程度最为广泛的则是汽车行业。很多影视场景喜欢取材汽车焊接生产线来诠释工业机器人的先进与智能，其实

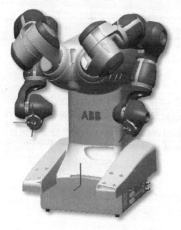

图 1-6　人机协作工业机器人

图 1-7　七关节喷涂工业机器人

在汽车很多生产环节中都要用到工业机器人，而且现代化汽车生产线的技术水平和自动化程度都在不断提升中，更多的工业机器人应用也会不断被开发出来代替传统人力。

工业机器人在汽车行业应用时可以细致地划分为冲压、焊装、涂装、总装四大领域，具体应用见表 1-2。

表 1-2　工业机器人在汽车行业的应用

应用领域	应用环境
冲压 	在这个生产环节，工业机器人主要用于冲压零件的上下料搬运。工业机器人的机械臂前端一般都装有夹具，如果零件尺寸较大时，夹具也会更重，所以大负载工业机器人在这个环节往往拥有更大发挥空间。另外上下料经常受到空间的限制，所以运动半径也是主要考虑因素之一，一般选择多关节、长距离、高负载产品，以覆盖更大的工作面积
焊装 	焊装是汽车生产线中最酷的环节，冲压后的部件在这一步完成基本的拼装。在固定的生产节奏下，整个生产线的夹具与工业机器人协作配合，将一块块铁皮连接变成造型漂亮的车身

（续）

应用领域	应用环境
涂装 	涂装属于表面处理环节，大面积的车身涂装靠酸洗后的电泳技术解决，但也会出现电泳不能覆盖的死角。在整车大面积电泳完成后，由工业机器人进一步喷漆完善
总装 	总装工艺中工业机器人主要用在涂胶、玻璃安装、搬运，以及一些紧固类安装工作场合。剩下的内饰安装工作基本上还是以人工+省力机械为主。由于目前夹具技术已经非常先进并且完全数字化，所以工作强度有了明显改善

 课后练习

1. 画出工业机器人分类的思维导图。
2. 除了汽车领域，工业机器人还在哪些领域应用比较广泛？

 项目评价

项目评价见表 1-3。

表 1-3　项目评价

序号	学习要求	学习评价				备注
		学会实操	掌握知识	仅仅了解	需再学习	
1	了解 ABB 工业机器人的概念					
2	掌握工业机器人分类					
3	了解工业机器人品牌					
4	熟悉 ABB 工业机器人应用领域					

项目二

工业机器人操作基础

操作 ABB 工业机器人时需要注意安全，同时要学会使用示教器，对工业机器人各个关节进行校核，对工业机器人系统进行备份等。本项目将学习工业机器人操作的相关基础知识，是能熟练对 ABB 工业机器人进行操作与应用的基础。

 学习目标

- ➤ 了解工业机器人安全操作应注意的事项
- ➤ 学会工业机器人示教器的使用
- ➤ 学会工业机器人三种动作模式的手动操作
- ➤ 理解工业机器人不同坐标系的含义
- ➤ 学会工业机器人系统备份和数据恢复操作
- ➤ 学会工业机器人转数计数器更新操作

学习任务一　　工业机器人使用安全规范

1. 工业机器人操作安全

（1）工业机器人安全标志

在了解工业机器人编程与操作之前，首先来认识工业机器人运行环境中的各种警示标志，以便在日常生产中保证操作人员自身安全以及设备的正常运行安全。工业机器人安全标志符号及对应的含义见表 2-1。

工业机器人的
基础操作

表 2-1　工业机器人安全标志符号及对应的含义

标　志	名　称	含　义
⚠	危险	危险警告标志。如果不依照说明操作，就会发生事故，并导致严重或致命的人员伤害和/或严重的产品损坏。该标志适用于以下险情:触碰高压电气装置、爆炸、火灾、有毒气体、压轧、撞击和从高处跌落等
⚠	警告	警告标志如果不依照说明操作，可能会发生事故，造成严重的伤害（可能致命）和/或重大的产品损坏。该标志适用于以下险情:触碰高压电气单元、爆炸、火灾、有毒气体、挤压、撞击、高空坠落等

（续）

标　志	名　称	含　义
⚡	电击	针对可能会导致严重的人身伤害或死亡的电气危险的警告
❗	小心	小心操作警告。如果不依照说明操作,可能会发生人员伤害和/或产品损坏的事故。该标志适用于以下险情:灼伤、眼部伤害、皮肤伤害、听力损伤、挤压或滑倒、跌倒、撞击、高空坠落等。此外,它还适用于某些涉及功能要求的警告消息,即在装配和移除设备过程中出现有可能损坏产品或引起产品故障的情况
	静电放电(ESD)	针对可能会导致严重产品损坏的电气危险的警告

　　在使用工业机器人时，我们还需要注意工业机器人产品特有的警示标志。工业机器人产品特有的警示标志及对应的含义见表2-2。

表2-2　工业机器人产品特有的警示标志及对应的含义

标　志	名　称	含　义
🔧🚫	不得拆卸	拆卸此部件可能会导致伤害
	旋转更大	此轴的旋转范围(工作区域)大于标准范围
H⊙H	制动闸释放	按此按钮将会释放制动闸,这意味着工业机器人可能会掉落
	旋松螺栓有倾翻风险	如果螺栓固定不牢,工业机器人可能会翻倒
	高温	存在可能导致灼伤的高温风险
	工业机器人移动	工业机器人可能会意外移动

（续）

标　志	名　称	含　义
	不得踩踏	警告不得踩踏,如果踩踏这些部件,可能会造成损坏

（2）工业机器人工作时需要注意的安全事项

工业机器人系统可以配备各种各样的安全保护装置,例如门互锁开关、安全光幕、控制器和安全垫等。最常用的是工业机器人单元的门互锁开关,打开此装置可暂停工业机器人工件。工业机器人控制器有三个独立的保护装置:常规模式安全保护停止(GS)、自动模式安全保护停止(AS)和上级安全保护停止(SS)。控制器保护装置对应的有效情况见表2-3。

表2-3　工业机器人控制器保护装置对应的有效情况

安全保护机制	有效情况
GS 机制	在任何操作模式下始终有效
AS 机制	仅在系统处于自动模式时有效
SS 机制	在任何操作模式下始终有效

（3）工业机器人不同运动模式时需要注意的安全事项

工业机器人在运动前,必须选择一种运动模式,不同的运动模式含义不同,主要运动模式及安全注意事项见表2-4。

表2-4　工业机器人不同运动模式时需要注意的安全事项

运动模式		说　明	注　意	备　注
自动模式		在自动模式下示教器的使能按键将无法启用,示教器在没有人工干预的情况下运行。自动模式是由工业机器人控制系统根据任务程序操作的运动模式。此模式具备功能性安全保护措施,使用控制器上的 I/O 信号等可以实现对示教器及工业机器人系统的控制。例如,可以用一个输入信号开启或停止 RAPID 程序,用另一个信号完成工业机器人电动机上电的操作	在自动模式下无法进行微动控制(无法用操纵杆控制机器人运动);在选择自动模式前,任何暂停的安全保护措施必须恢复初始状态	
手动模式	手动减速模式	在手动减速模式下,运动速度限制在 250mm/s 以下。此外,对每根轴的最大允许速度也有限制。这些轴的速度限制取决于具体的工业机器人型号且不可修改。要激活机械臂电动机,必须按下使动装置	在任何可能的环境下,都应该在全部人员处于安全保护区域外时再执行手动减速模式	在手动模式下工业机器人的移动处于人工控制状态,必须按下示教器的使能按键来触发工业机器人的电动机得电。手动模式用于编程和程序验证。某些工业机器人型号有手动减速和手动全速两种手动模式

工业机器人技术基础及应用

（续）

运动模式		说　明	注　意	备　注
手动模式	手动全速模式	手动全速模式仅用于程序验证。在手动全速模式下初始速度限制最高可以达到但不超过250mm/s。这是通过限定速度为编程速度的3%实现的。通过手动控制，可以将速度调到100%。使用手动全速模式时需要首先保证示教器使能按键被激活，然后长按示教器中的"循环启动"按钮方可运行程序，需要停止运行时则释放"循环启动"按钮或释放示教器的使能装置。在工业现场中有些工作任务需要按照程序速度进行验证才能看出机器人实际的工作效果。例如，涂胶工作时如果在手动减速状态下进行验证会出现涂胶效果失败的结果	在任何可能的环境下，都应该在全部人员处于安全保护区域外时再执行手动全速模式	在手动模式下工业机器人的移动处于人工控制状态，必须按下示教器的使能按键来触发工业机器人的电动机得电。手动模式用于编程和程序验证。某些工业机器人型号有手动减速和手动全速两种手动模式

（4）工业机器人在操作中需要注意的安全事项

在调试与运行工业机器人时，它可能会产生一些意外的或不规范的运动，而这些运动通常都会产生很大的力量，从而严重伤害操作人员和/或损坏工业机器人工作范围内的任何设备。所以应时刻警惕与工业机器人保持足够的安全距离。一般在工业机器人示教器及控制柜上都会设有紧急停止按钮。紧急停止优先于任何其他工业机器人控制操作，它会断开机器人电动机的驱动电源，停止所有运转部件，并切断同工业机器人系统控制且存在潜在危险的功能部件的电源。出现下列情况时请立即按下任意急停按钮：机器人运行中，工作区域内有工作人员；工业机器人伤害了工作人员或损伤了机器设备。

另外，虽然工业机器人运动速度慢，但是很重并且力度很大。因此运动中暂时的停顿或停止都可能会产生危险。即使可以预测其运动轨迹，但外部信号有可能会改变其操作，在没有任何警告的情况下，产生意想不到的运动。因此，当进入保护空间时，务必遵循所有的安全条例。

1）如果在保护空间内有工作人员，请手动操作工业机器人系统。

2）当进入保护空间时，请准备好示教器 FlexPendant，以便随时控制工业机器人。

3）注意工件和工业机器人系统的高温表面，工业机器人电动机长期运转后温度很高。

4）注意夹具状态并确保夹好工件。如果夹具打开，工件会脱落并导致人员伤害或设备损坏。夹具本身非常有力，如果不按照正确方法操作，也会导致人员伤害。

2．工业机器人制动闸测试

工业机器人在工作时频繁起动与停止，并且需要准确定位，这时则需要使用制动闸确保电动机在断电后迅速停转，以提高生产效率和保护安全生产。电动机制动原理图见图 2-1。操作过程中，每个轴电动机的制动闸都会出现正常磨损，可通过测试确定制动闸是否仍能执行其功能。

工业机器人制动测试方法主要包括：

1）将每个工业机器人轴运行到工业机器人手臂和所有载荷的总重量最大化位置（最大静态载荷）。

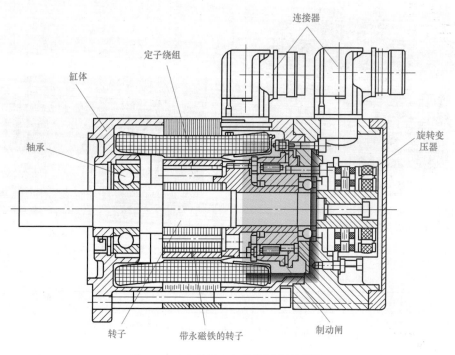

图 2-1　工业机器人电动机制动原理图

2）将电动机切换为 MOTORS OFF。

3）检查并确认轴位置是否保持不变。

判断方法：如果电动机关闭时工业机器人未改变位置，则表明制动功能可用。

课后练习

1. 结合实训室情况，写出工业机器人在操作过程中的注意事项。

2. 画出工业机器人的安装流程图，说出工业机器人在安装过程中应注意哪些问题。

学习任务二　工业机器人硬件连接

ABB 工业机器人常配置的控制柜有 IRC5-compact 紧凑型控制柜和 IRC5 标准型控制柜，用户可以根据自己的需求进行选择。

1. 工业机器人 IRC5-compact 紧凑型控制柜

IRC5-compact 紧凑型控制柜内部与标准型控制柜硬件功能基本一样，硬件包括电源分配模块、主计算机、轴计算机、安全板、I/O 信号板、接触器单元、电容包、背部风扇、泄流电阻以及 SD 卡等。IRC5-compact 紧凑型控制柜见图 2-2。

工业机器人基本
硬件连接

1）IRC5-compact 紧凑型控制柜按钮、开关及各部分连接见表 2-5。

2）IRC5-compact 紧凑型控制柜的硬件结构见表 2-6。

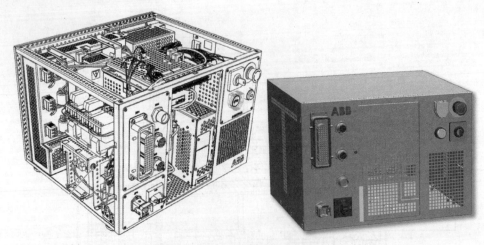

图 2-2　IRC5-compact 紧凑型控制柜

表 2-5　IRC5-compact 紧凑型控制柜按钮、开关及连接

图　　示	说　　明
	1—主电源开关 2—无制动闸释放按钮 3—模式开关 4—电动机开关 5—紧急停止按钮
	1—FlexPendant 连接 2—工业机器人供电连接 3—附加轴 SMB 连接 4—工业机器人 SMB 连接 5—主电路连接

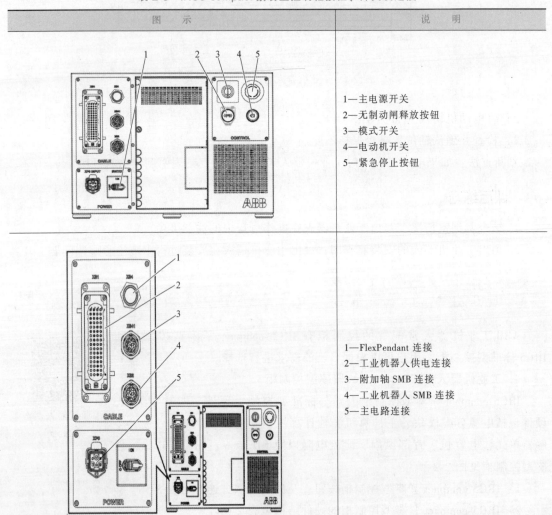

表 2-6　IRC5-compact 紧凑型控制柜的硬件结构

图　示	说　明
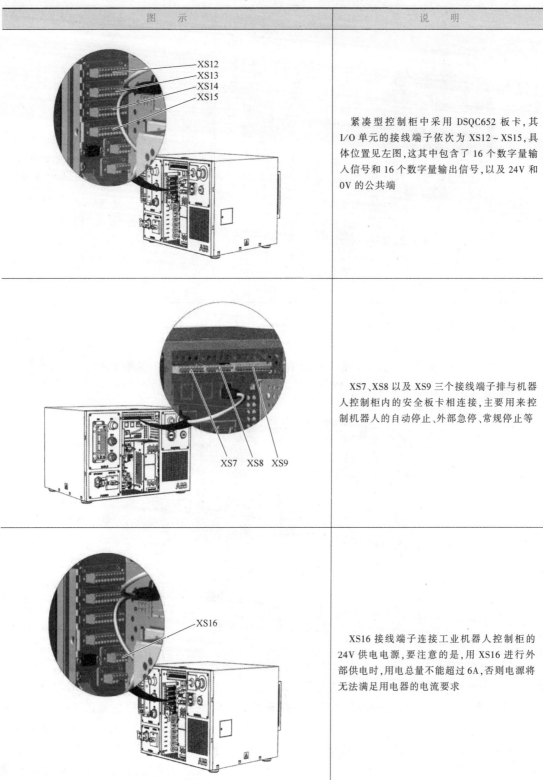	紧凑型控制柜中采用 DSQC652 板卡,其 I/O 单元的接线端子依次为 XS12～XS15,具体位置见左图,这其中包含了 16 个数字量输入信号和 16 个数字量输出信号,以及 24V 和 0V 的公共端
	XS7、XS8 以及 XS9 三个接线端子排与机器人控制柜内的安全板卡相连接,主要用来控制机器人的自动停止、外部急停、常规停止等
	XS16 接线端子连接工业机器人控制柜的 24V 供电电源,要注意的是,用 XS16 进行外部供电时,用电总量不能超过 6A,否则电源将无法满足用电器的电流要求

（续）

图　示	说　明
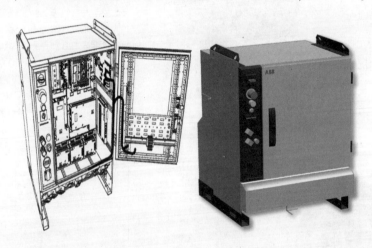	XS17 端子排就是 DeviceNet 总线的外部拓展端口了，它与工业机器人控制柜内的主计算机直接连接，用于拓展基于 DeviceNet 总线的功能板卡

2. 工业机器人标准型控制柜

为了满足用户及工艺等需求，ABB 工业机器人标准型控制柜相对于紧凑型控制柜拥有更大的柜内空间，在控制柜的操纵区域预留有更多的拓展功能位，见图 2-3。

图 2-3　标准型控制柜

1）标准型控制柜按钮、开关及各部分连接见表 2-7。

2）标准型控制柜的外部紧急停止通常连接　在工业机器人安全控制板卡 X1，X2 端子上，见图 2-4a。首先我们将 X1 和 X2 端子原有的第 3 脚的短接片剪掉，见图 2-4b，然后将 ES1 和 ES2 分别单独接入一个继电器的两路常闭触点上，见图 2-4c。此时应注意，如果要输入急停信号，就必须同时使用 ES1 和 ES2。只需要通过 PLC 或其他装置控制这个继电器的线圈端即可控制 ES1 和 ES2 的通断，这样我们就实现了通过外部电路触发工业机器人的紧急停止。

表 2-7 标准型控制柜按钮、开关及连接

图　　示	说　　明
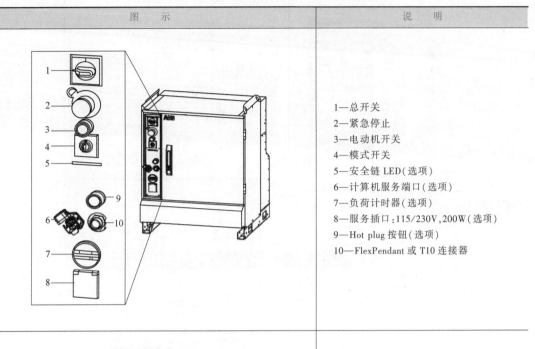	1—总开关 2—紧急停止 3—电动机开关 4—模式开关 5—安全链 LED（选项） 6—计算机服务端口（选项） 7—负荷计时器（选项） 8—服务插口：115/230V，200W（选项） 9—Hot plug 按钮（选项） 10—FlexPendant 或 T10 连接器
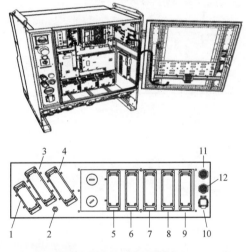	1—工业机器人本体动力电缆 2—接地连接点 3—工业机器人电源 4—外部轴动力电缆 5—用户电源/外部信号连接处 6~8—用户功能选项 9—用户安全信号连接处 10—网络插头 11—外部轴应用 SMB 电缆 12—工业机器人 SMB 电缆连接插头

3）标准型控制柜的自动停止信号通常连接　在工业机器人安全控制板卡接线端子 X5 上，见图 2-4a，将 X5 端子排的第 5~6、11~12 之间断开，即将第 5、11 脚的短接片剪断，见图 2-5，AS1 和 AS2 分别单独接入 NC 无源接点。如果要接入自动模式安全保护停止信号就需要同时使用 AS1 和 AS2，断开后在自动状态下的工业机器人就会进入到安全保护停止状态了。只需要通过 PLC 或其他装置控制这个继电器的线圈端即可控制 AS1 和 AS2 的通断，这样就可以通过外部触发工业机器人的自动停止了。

4）工业机器人主计算机　工业机器人的核心——主计算机担负着工业机器人的运行、通信、程序等所有工作任务。标准型控制柜与紧凑型控制柜所配备的主计算机都是一样的，主计算机上的接口见表 2-8。

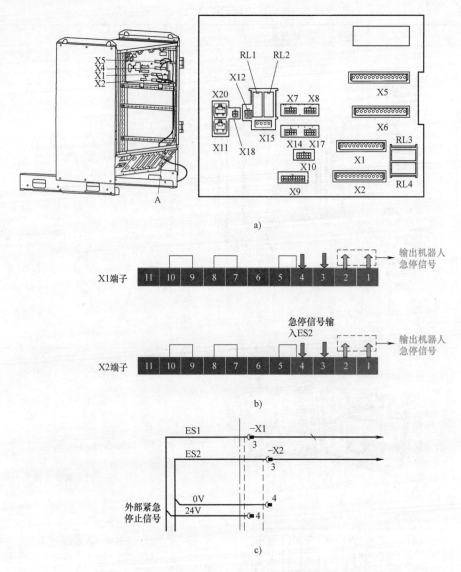

图 2-4 工业机器人安全控制板及外部紧急停止接线

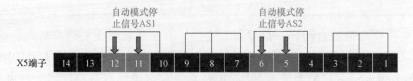

图 2-5 工业机器人自动停止信号的接线

5）工业机器人动力电缆及 SMB 信号电缆的连接。以 IRB120 机器人为例，紧凑型控制柜与标准型控制柜工业机器人动力电缆及 SMB 信号电缆的连接方式相同，只是连接位置稍有变化。红色的电缆为机器人动力电缆，蓝色的电缆为 SMB 信号电缆，这两条电缆在工业机器人本体上所插接的位置见图 2-6。

表 2-8　工业机器人主计算机接口

图　　示	说　　明
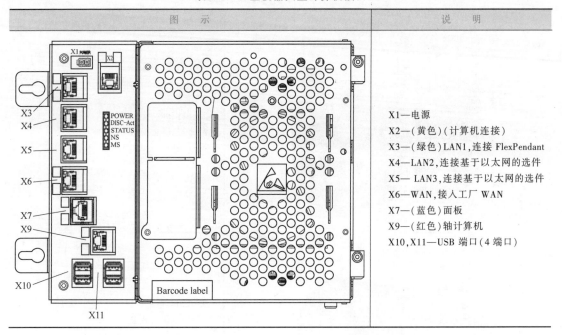	X1—电源 X2—(黄色)(计算机连接) X3—(绿色)LAN1,连接 FlexPendant X4—LAN2,连接基于以太网的选件 X5— LAN3,连接基于以太网的选件 X6—WAN,接入工厂 WAN X7—(蓝色)面板 X9—(红色)轴计算机 X10,X11—USB 端口(4 端口)

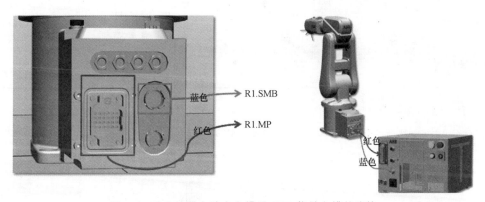

图 2-6　工业机器人动力电缆及 SMB 信号电缆的连接

课后练习

写出 ABB 工业机器人标准型控制柜主要按键、开关功能,并简述安全控制板及外部紧急停止的接线原理。

学习任务三　工业机器人示教器的使用

1. 示教器外形介绍

操纵工业机器人就必须和机器人示教器打交道,这一任务主要了解工业机器人示教器的操纵方法。示教器是进行工业机器人的手动操纵、程序编写、参数配置以及监控的手持装置,也是最常用的工业机器人控制装置。ABB 工业机器人示教器主要组成见表 2-9。

表 2-9 ABB 工业机器人示教器主要组成

图　示	说　明
正面 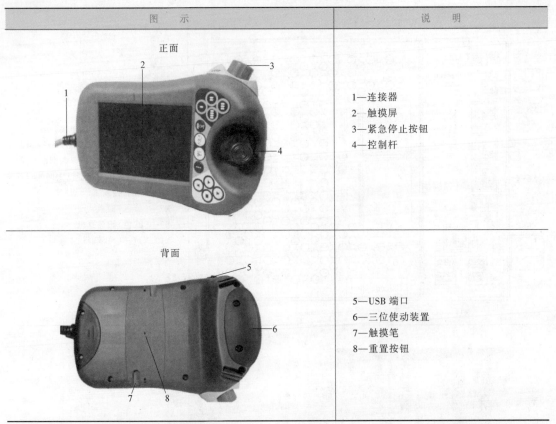	1—连接器 2—触摸屏 3—紧急停止按钮 4—控制杆
背面 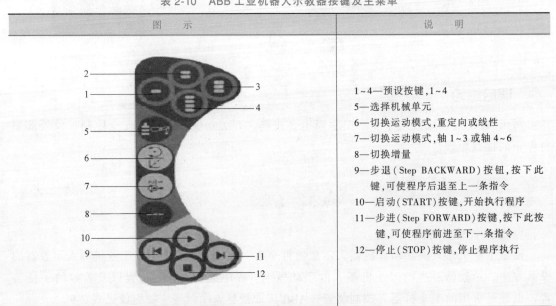	5—USB 端口 6—三位使动装置 7—触摸笔 8—重置按钮

2. 示教器的按键及主菜单介绍

示教器的按键用字母 A~M 表示，各个部分代表的含义见表 2-10。

表 2-10 ABB 工业机器人示教器按键及主菜单

图　示	说　明
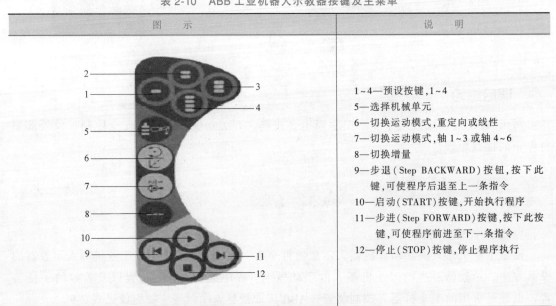	1~4—预设按键，1~4 5—选择机械单元 6—切换运动模式，重定向或线性 7—切换运动模式，轴 1~3 或轴 4~6 8—切换增量 9—步退 (Step BACKWARD) 按钮，按下此键，可使程序后退至上一条指令 10—启动 (START) 按键，开始执行程序 11—步进 (Step FORWARD) 按键，按下此按键，可使程序前进至下一条指令 12—停止 (STOP) 按键，停止程序执行

（续）

图　示	说　明
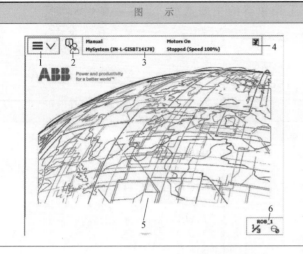	1—ABB 菜单 2—操作员窗口 3—状态栏 4—关闭按钮 5—任务栏 6—快速设置菜单
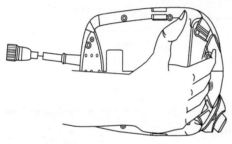	操作 FlexPendant 时，通常会手持该设备。惯用右手者，用左手持设备，右手在触摸屏上执行操作
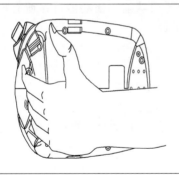	将 FlexPendant 调节为左手操作，可满足左手者的需要，步骤如下： 1）单击 ABB 菜单，然后单击"控制面板" 2）单击"外观" 3）单击"向右旋转" 4）旋转 FlexPendant，将其移至另一只手
	使能按钮位于示教器手动操纵杆的右侧，工业机器人工作时，使能按钮必须在正确的位置，以保证工业机器人各个关节电动机上电。 　　使能按钮分两档，在手动状态下，第一档按下去，工业机器人将处于电动机开启状态

3. ABB 菜单中的主要选项

单击 ABB 主菜单，可以看到 ABB 主菜单下的主要选项，见表 2-11。

工业机器人示教器的使用 1

表 2-11　ABB 菜单中主要选项

图　　　示	选　　项
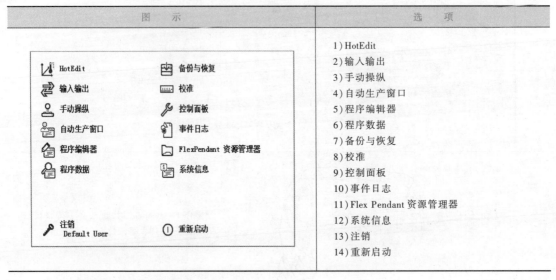	1) HotEdit 2) 输入输出 3) 手动操纵 4) 自动生产窗口 5) 程序编辑器 6) 程序数据 7) 备份与恢复 8) 校准 9) 控制面板 10) 事件日志 11) Flex Pendant 资源管理器 12) 系统信息 13) 注销 14) 重新启动

（1）"HotEdit"功能介绍

1）"HotEdit"功能是对编程位置进行调节的一项功能。该功能可在所有操作模式下运行，即使是在程序运行的情况下，坐标和方向均可调节。

2）HotEdit 仅用于已命名 robtarget 类型的位置，见图 2-7。

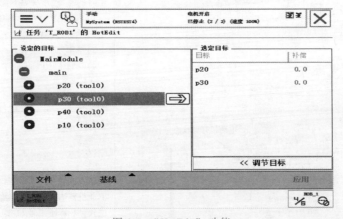

图 2-7　"HotEdit"功能

3）HotEdit 中的可用功能可能会受到用户授权系统（UAS）的限制。

（2）"输入输出"功能介绍

在"输入输出"功能中，我们可以监控和浏览工业机器人控制器下所有的总线及总线下的信号状态，同时还可以看到挂在总线下的各种 I/O 板卡或其他通信装置的状态。选择

"视图"菜单可以查看到数字量的输入输出状态、模拟量的输入输出状态及组信号的输入输出状态，并且在手动状态调试时还可以强制执行某些信号来快速看到效果，见图2-8。

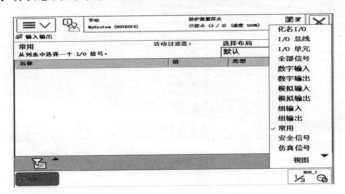

图2-8　"输入输出"功能

（3）"手动操纵"功能介绍

在"手动操纵"功能下，我们可以选择当前激活的机械单元，选择工业机器人的动作模式，例如：线性、关节运动模式等，同时还可以选择工业机器人当前的运动坐标系以及为工业机器人指定当前用的工件坐标及工具坐标。在"有效载荷"功能下可为工业机器人建立符合要求的载荷数据，同时也可以锁定示教器的操纵杆及是否应用增量模式等，见图2-9。

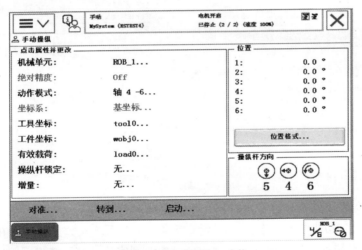

图2-9　"手动操纵"功能

（4）"自动生产窗口"功能介绍

"自动生产窗口"功能是在工业机器人自动状态下使用的一个功能，它可以快速为当前工业机器人指定程序任务，并且可以将PP程序指针快速移动到Main主程序。如果有Multi-Task和MultiMove配置的工业机器人，我们可以直接利用"自动生产窗口"功能快速调节程序任务，方便查看程序运行效果，见图2-10。

（5）"程序编辑器"功能介绍

"程序编辑器"功能是在调试工业机器人程序时经常要用到的功能。在程序编辑器中可以对工业机器人进行程序编写、位置示教、在线调试等，见图2-11。

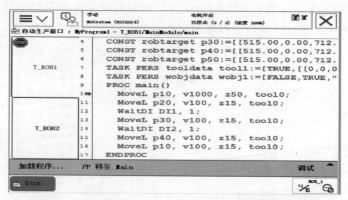

图 2-10　"自动生产窗口"功能

（6）"程序数据"功能介绍

"程序数据"功能主要用于查看和使用数据类型和实例。"程序数据"菜单中包含了工业机器人在编程中会用到的上百种数据及变量，例如时钟 clock、数字型 num、工具数据 toldata、机器人目标点数据 robtarget 等，见图 2-12。我们可以同时打开一个以上的程序数据窗口，在查看多个实例或数据类型时，此功能非常有用。

图 2-11　"程序编辑器"功能

图 2-12　"程序数据"功能

（7）"备份与恢复"功能介绍

"备份与恢复"功能主要用于备份机器人当前的所有系统及数据。一般在调试或调试完成后，都应养成系统备份的习惯，这有助于项目的顺利实施；在系统出现问题或故障时，可以利用恢复系统功能将工业机器人恢复到之前所备份的状态，方便快速解决现场问题。单击"备份当前系统"即可完成系统备份，单击"恢复系统"就可以对已经备份的系统进行恢复，见图 2-13。

（8）"校准"功能介绍

"校准"功能一般用于对工业机器人进行转数计数器的更新操作。当工业机器人在掉电状态下各关节轴发生了相应的位移后，工业机器人重新上电时就需要利用校准功能对工业机器人的转数计数器进行更新，见图 2-14。同时，当工业机器人的 SMB 内存参数出现不匹配等错误时，也需要利用校准功能来重新建立 SMB 内存参数。当工业机器人需要进行跟踪任务时，同样需要利用"校准"菜单中的基座功能标定输送线。

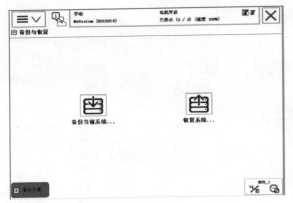

图 2-13　"备份与恢复"功能

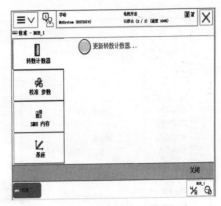

图 2-14　"校准"功能

4. 示教器操纵杆的介绍

示教器操纵杆可以控制工业机器人在不同模式下的运动方向，不同运动模式操纵杆表示的含义见表 2-12。

表 2-12　工业机器人操纵杆及运动模式

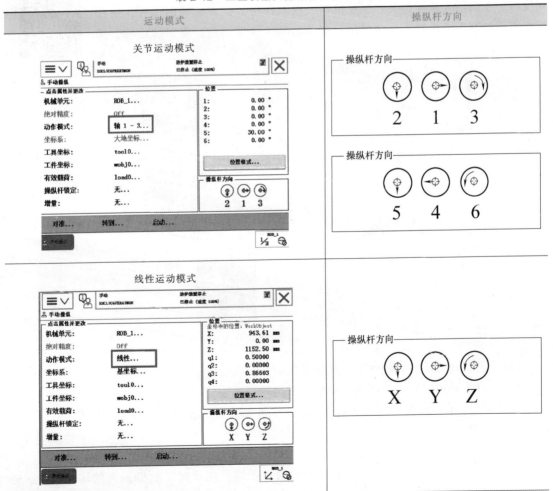

（续）

运动模式	操纵杆方向
重定位运动模式 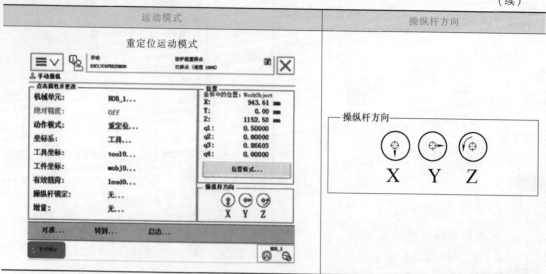	操纵杆方向

可以将 ABB 工业机器人的操纵杆比作汽车的油门，操纵杆扳动或旋转的幅度与工业机器人速度相关。工业机器人操纵杆是 8 位带旋转的摇杆，摇杆可以灵活控制工业机器人在空间进行关节运动、线性运动、重定位运动，见图 2-15。

工业机器人
示教器的使用 2

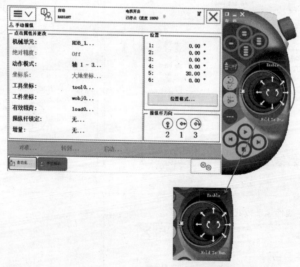

图 2-15　示教器上的操纵杆

1）摇杆扳动或旋转的幅度小，则机器人运行速度较慢。

2）摇杆扳动或旋转的幅度大，则机器人运行速度较快。

特别提醒：在手动操作工业机器人时，尽量小幅度操纵操纵杆，使工业机器人在慢速状态下运行，增强可控性。

5. 示教器自定义编程按钮的介绍

ABB 工业机器人示教器上配备了 4 个可编程按键，便于对工业机器人的输入信号、输出信号、系统信号进行操作。定义了可编程按键后，若需要强制一个输出信号时就可省去原有繁杂的操作。这极大地提高了用户在现场调试的效率。示教器上的可编程按键见图 2-16。

进入"可编程按键"功能后，选择对应的按键编号，同时选择好对应的"类型"。这里以输出信号为例，可编程按键 1 配置数字输出信号 do1 的操作步骤见表 2-13。

图 2-16　示教器上的可编程按键

表 2-13　为可编程按键 1 配置数字输出信号 do1 的操作步骤

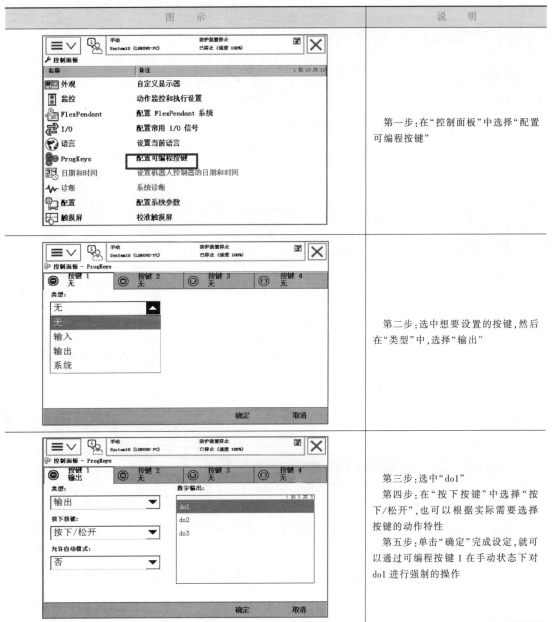

图　示	说　明
	第一步：在"控制面板"中选择"配置可编程按键"
	第二步：选中想要设置的按键，然后在"类型"中，选择"输出"
	第三步：选中"do1" 第四步：在"按下按键"中选择"按下/松开"，也可以根据实际需要选择按键的动作特性 第五步：单击"确定"完成设定，就可以通过可编程按键 1 在手动状态下对 do1 进行强制的操作

（续）

图 示	说 明
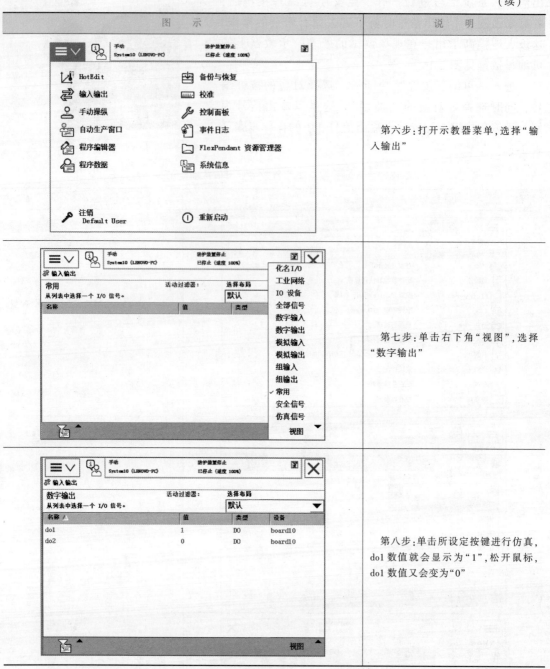	第六步：打开示教器菜单，选择"输入输出"
	第七步：单击右下角"视图"，选择"数字输出"
	第八步：单击所设定按键进行仿真，do1数值就会显示为"1"，松开鼠标，do1数值又会变为"0"

6. 示教器触摸屏校准

ABB工业机器人的触摸屏在出厂时已校准，通常不需要重新校准。但使用一段时间后，示教器的屏幕可能出现单击位置不准确或发生屏幕触发位置"漂移"等问题，这时需要利用示教器中的"屏幕校准"功能对示教器屏幕的触摸坐标重新进行校准，见图2-17。

操作步骤：

1）在ABB菜单上，单击"控制面板"。

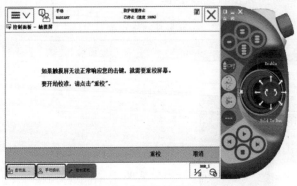

图 2-17　示教器触摸屏校准

2）单击"触摸屏"。

3）单击"重新校准"，屏幕将在数秒内显示为空白。随后屏幕上将出现一系列符号，一次一个。

4）用示教器专用触摸笔单击每个符号的中心。

5）重新校准完成。

课后练习

熟悉示教器的使用，尝试设置增量模式，并操作工业机器人移动。

学习任务四　工业机器人手动操纵

手动操纵机器人运动一共有三种模式：手动关节运动（单轴运动）、手动线性运动和手动重定位运动。下面介绍如何手动操纵工业机器人进行这三种运动。

1. 手动关节运动操纵

一般地，ABB 工业机器人由 6 个伺服电动机分别驱动它的 6 个关节轴，见图 2-18。每次手动操纵一个关节轴的运动，就称为单轴运动。

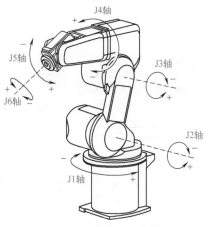

图 2-18　工业机器人 6 个关节轴

工业机器人单轴运动操纵步骤见表 2-14。

表 2-14   工业机器人单轴运动操纵步骤

图　示	说　明
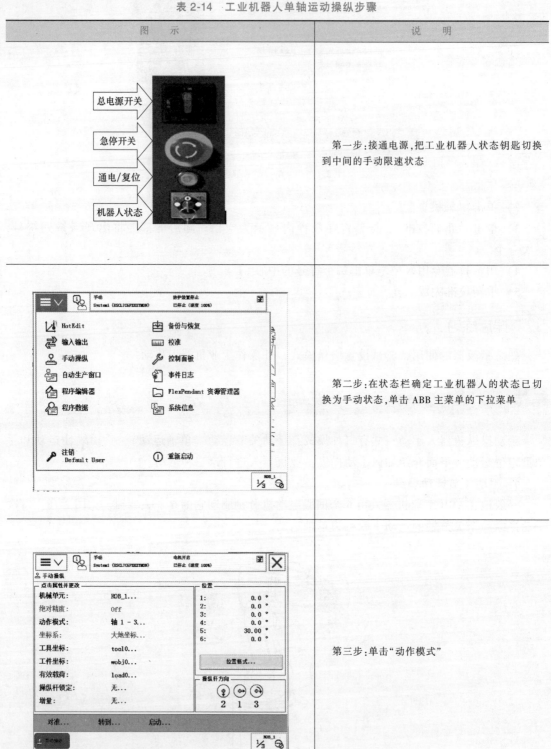	第一步:接通电源,把工业机器人状态钥匙切换到中间的手动限速状态
	第二步:在状态栏确定工业机器人的状态已切换为手动状态,单击 ABB 主菜单的下拉菜单
	第三步:单击"动作模式"

（续）

图 示	说 明
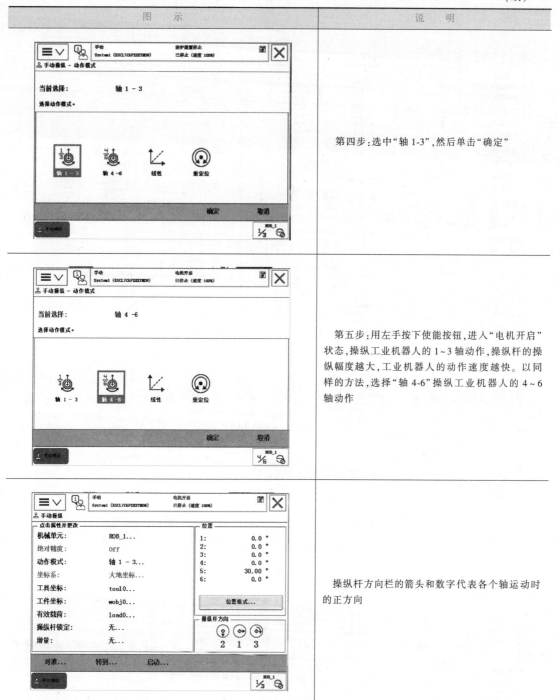	第四步:选中"轴1-3",然后单击"确定"
	第五步:用左手按下使能按钮,进入"电机开启"状态,操纵工业机器人的1~3轴动作,操纵杆的操纵幅度越大,工业机器人的动作速度越快。以同样的方法,选择"轴4-6"操纵工业机器人的4~6轴动作
	操纵杆方向栏的箭头和数字代表各个轴运动时的正方向

2. 手动线性运动操纵

工业机器人的线性运动是指安装在工业机器人第 6 轴法兰盘上工具的 TCP 在空间做线性运动。坐标线性运动时要指定坐标系。坐标系包括大地坐标、基坐标、工具坐标、工件坐标。线性运动手动操纵步骤见表 2-15。

表 2-15　线性运动手动操纵步骤

图　　示	说　　明
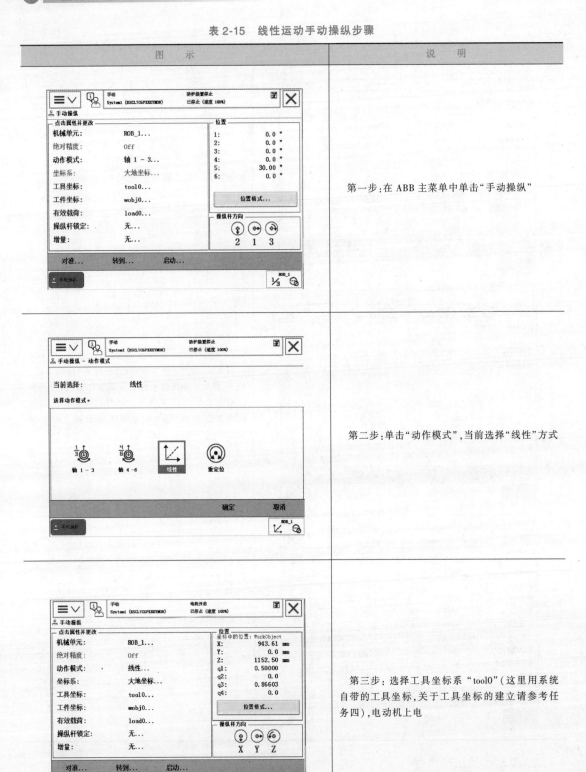	第一步:在 ABB 主菜单中单击"手动操纵"
	第二步:单击"动作模式",当前选择"线性"方式
	第三步:选择工具坐标系 "tool0"(这里用系统自带的工具坐标,关于工具坐标的建立请参考任务四),电动机上电

（续）

图 示	说 明
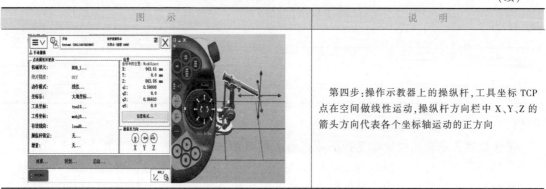	第四步:操作示教器上的操纵杆,工具坐标 TCP 点在空间做线性运动,操纵杆方向栏中 X、Y、Z 的箭头方向代表各个坐标轴运动的正方向

如果对通过位移幅度来控制工业机器人运动的速度不熟练,那么可以使用增量模式来控制工业机器人的运动。

采用增量移动对工业机器人进行微幅调整,可非常精确地进行定位操作。操纵杆偏转一次,工业机器人就移动一步（增量）。如果操纵杆偏转持续一秒或数秒,工业机器人就会持续移动（速率为 10 步/s）。若默认模式不是增量移动,当操纵杆偏转时,工业机器人将会持续移动。增量模式操作步骤见表 2-16。

表 2-16 增量模式操作步骤

图 示	说 明
	第一步:在 ABB 主菜单下,单击"增量"
	第二步:其中增量对应位移及角度的大小见表 2-17,根据需要选择增量模式的移动距离,然后进行确定

表 2-17 增量对应的位移及角度的大小

增量	移动距离/mm	角度/°
小	0.05	0.005
中	1	0.02
大	5	0.2
用户	自定义	自定义

3. 工业机器人手动重定位运动操作

工业机器人的重定位运动是指工业机器人第 6 轴法兰盘上的工具 TCP 点在空间绕着坐标轴旋转的运动，也可以理解为工业机器人绕着工具 TCP 点做姿态调整的运动。以下就是手动操纵重定位运动的方法，具体操作步骤见表 2-18。

表 2-18 工业机器人手动重定位运动操作步骤

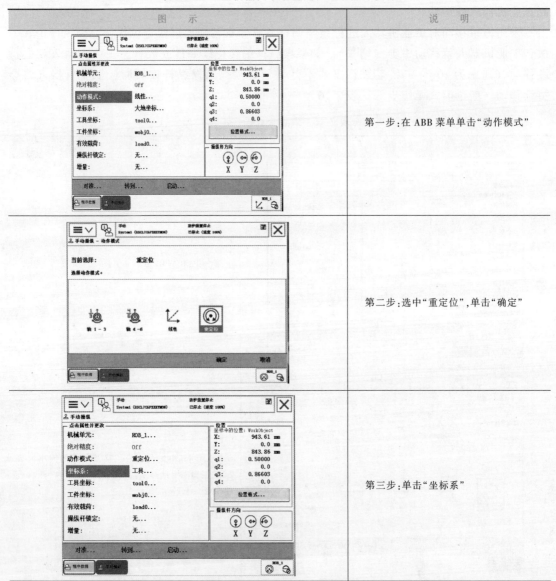

图　　示	说　　明
	第一步：在 ABB 菜单单击"动作模式"
	第二步：选中"重定位"，单击"确定"
	第三步：单击"坐标系"

（续）

图　　示	说　明
	第四步:选取"工具坐标系",单击"确定"
	第五步:用左手按下使能按钮,进入"电机开启"状态,在状态栏确定电动机开启状态
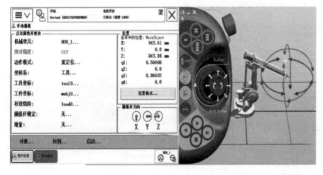	第六步:操纵示教器上的操纵杆,工业机器人绕着工具 TCP 点做姿态调整运动,操纵杆方向栏中 X、Y、Z 的箭头方向代表各个坐标轴运动的正方向

课后练习

在工业机器人工作台上找 A 和 B 两个点,利用单轴运动,使工业机器人从 A 点移动到 B 点,再利用线性运动,使工业机器人从 B 点移动到 A 点,说出二者所走的路径有何不同。

学习任务五　工业机器人坐标系

1. 基坐标系的概念及应用

基坐标系是在工业机器人基座中设置相应的零点，使固定安装的工业机器人的移动具有可预测性，见图2-19。

工业机器人的
常用坐标系

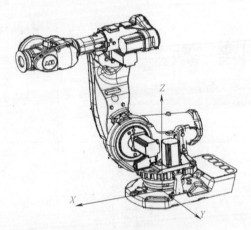

图2-19　基坐标系位置

在正常配置的工业机器人系统中，当站在工业机器人的正前方并在基坐标系中对工业机器人进行微动控制时，将操纵杆拉向自己时，工业机器人将沿 X 轴移动；向两侧移动操纵杆时，工业机器人将沿 Y 轴移动。扭动操纵杆，工业机器人将沿 Z 轴移动。在基坐标系下我们可以看到各关节在零位的时候在 X、Y、Z 方向上都有其对应的坐标值，见图2-20，而这些数值是根据基坐标系的原点位置偏移计算得出的，由此可见有了基坐标系工业机器人才能知道自己的末端在空间中所对应的位置。

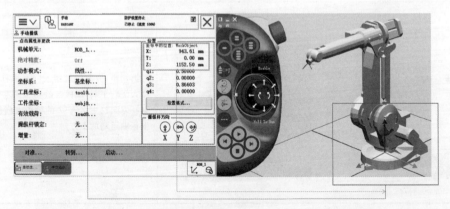

图2-20　基坐标系下工业机器人关节零位时工具的坐标值

2. 大地坐标系的概念及应用

大地坐标系在工作单元或工作站中的固定位置有其相应的零点，这有助于处理若干个工业机器人或由外轴移动的工业机器人。默认情况下，大地坐标系与基坐标系是一致的。

例如图 2-21 中有两台工业机器人，一台安装于地面，另一台倒置。倒置工业机器人的基坐标系也将上下颠倒。

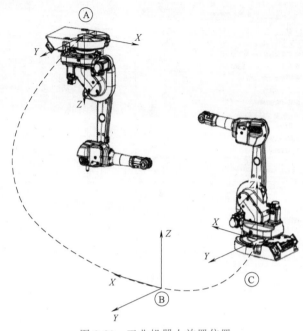

图 2-21　工业机器人放置位置

如果在倒置工业机器人的基坐标系中进行微动控制，则很难预测移动情况，此时可选择大地坐标系取而代之。

如果一台工业机器人在现场需要正向倒置安装（正向吊装），通过操作就可以发现，如果在不改变原有工业机器人大地坐标系进行线性运动的情况下，工业机器人的 Y 轴与 Z 轴的运动方向将和我们所预料的常规方向相反。为了使倒置安装的工业机器人更方便地进行示教及程序编写，则需要对工业机器人原有大地坐标系的参数进行相应的修改。操作步骤见表 2-19。

表 2-19　工业机器人吊装坐标系的设置

图　　示	说　　明
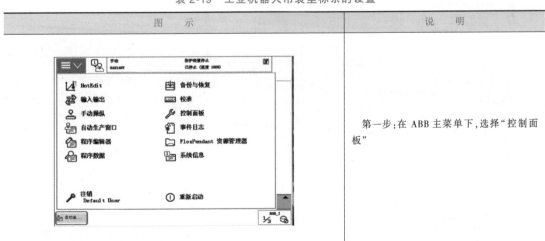	第一步：在 ABB 主菜单下，选择"控制面板"

工业机器人技术基础及应用

（续）

图　　示	说　　明
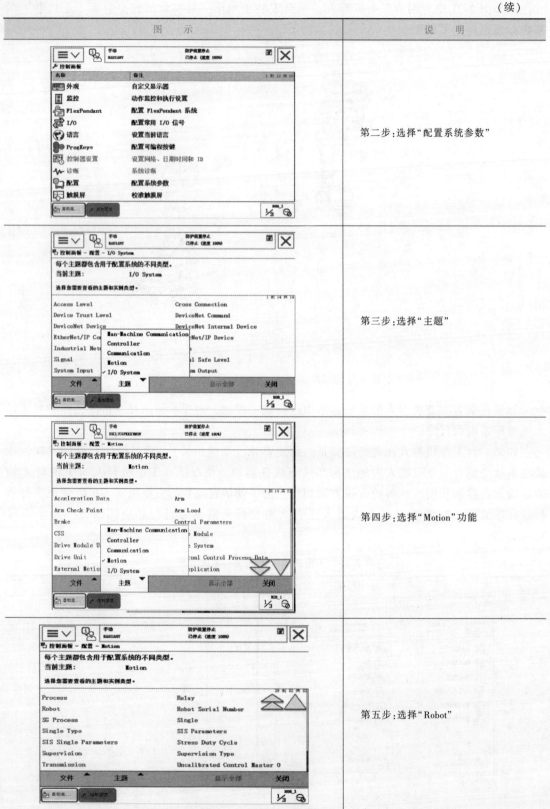	第二步：选择"配置系统参数"
	第三步：选择"主题"
	第四步：选择"Motion"功能
	第五步：选择"Robot"

（续）

图　　示	说　　明
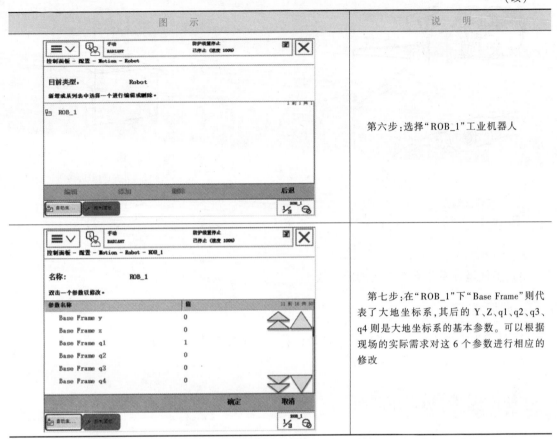	第六步：选择"ROB_1"工业机器人
	第七步：在"ROB_1"下"Base Frame"则代表了大地坐标系，其后的 Y、Z、q1、q2、q3、q4 则是大地坐标系的基本参数。可以根据现场的实际需求对这 6 个参数进行相应的修改

3. 工具坐标系的概念及应用

工具坐标系将工具中心点设为零点，由此定义工具的位置和方向。工具坐标系经常被缩写为 TCPF（Tool Center Point Frame），而工具坐标系中心缩写为 TCP（Tool Center Point）。执行程序时，工业机器人将 TCP 移至编程位置。这意味着，如果要更改工具及工具坐标系，工业机器人的动作位置和方向将随之被更改，以便随着新的 TCP 到达目标，见图 2-22。

所有工业机器人在手腕处都有一个预定义工具坐标系，该坐标系被称为 tool0。这样就能将一个或多个新工具坐标系定义为 tool0 的偏移值。微动控制工业机器人时，如果机器人做重定位运动，要求机器人运动时不改变工具 TCP 点的方向（例如移动锯条时不使其弯曲），工具坐标系就显得非常有用了。

4. 工件坐标系的概念及应用

工件坐标系是工件相对于大地坐标系（或其他坐标系）的位置。工件坐标系必须定义于两个框架：用户框架（与基座相关）和工件框架（与用户框架相关）。工业机器人可以拥有若干工件坐标系，可以表示不同工件，或者表示同一工件在不同位置的若干副本，见图 2-23。

对工业机器人进行编程实际上就是在工件坐标系中创建目标和路径。利用工件坐标系有以下优点：

1）重新定位工作站中的工件时，只需更改工件坐标系的位置，所有路径将即刻随之更新。

2）允许操作以外轴或传送导轨移动的工件，因为整个工件可连同其路径一起移动。

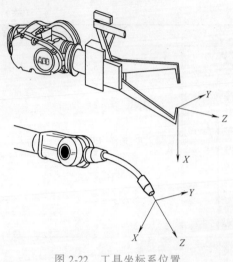

图 2-22　工具坐标系位置

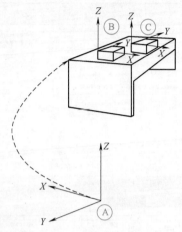

图 2-23　工件坐标系位置

3）工件坐标系建立对轨迹的影响较小。

课后练习

1. 试说出大地坐标、基坐标、工件坐标及工具坐标在使用上的区别。
2. 简述为何要专门建立工件坐标。

学习任务六　工业机器人系统备份与恢复

定期对 ABB 工业机器人的数据进行备份，是保证 ABB 工业机器人正常操作的良好习惯。ABB 工业机器人数据备份的对象是所有正在系统内存运行的 RAPID 程序和系统参数。当工业机器人系统出现错误或重新安装后，可以通过备份快速地把工业机器人恢复到原有状态。

1. ABB 工业机器人数据备份和恢复的步骤

ABB 工业机器人数据备份和恢复的操作步骤见表 2-20。

表 2-20　ABB 工业机器人数据备份和恢复操作步骤

图　示	说　明
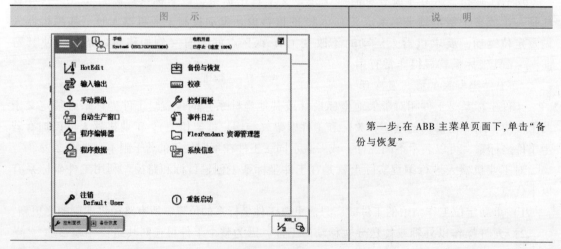	第一步：在 ABB 主菜单页面下，单击"备份与恢复"

（续）

图　　示	说　　明
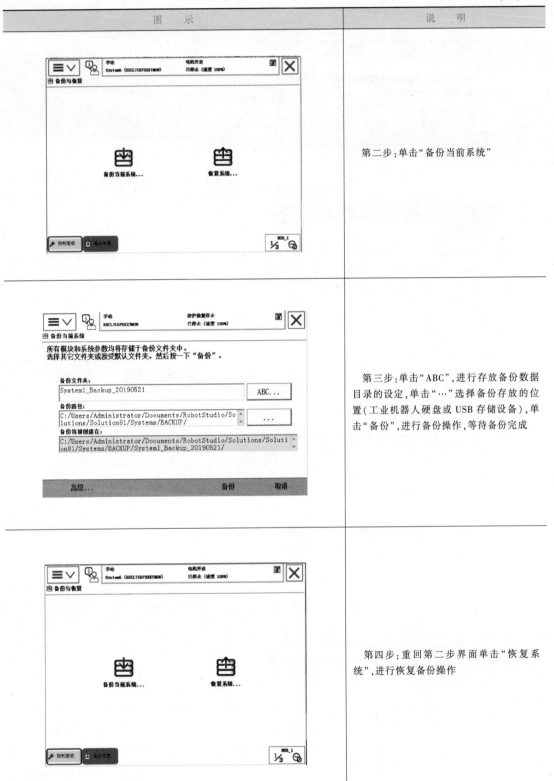	第二步：单击"备份当前系统"
	第三步：单击"ABC"，进行存放备份数据目录的设定，单击"…"选择备份存放的位置（工业机器人硬盘或 USB 存储设备），单击"备份"，进行备份操作，等待备份完成
	第四步：重回第二步界面单击"恢复系统"，进行恢复备份操作

（续）

图　示	说　明
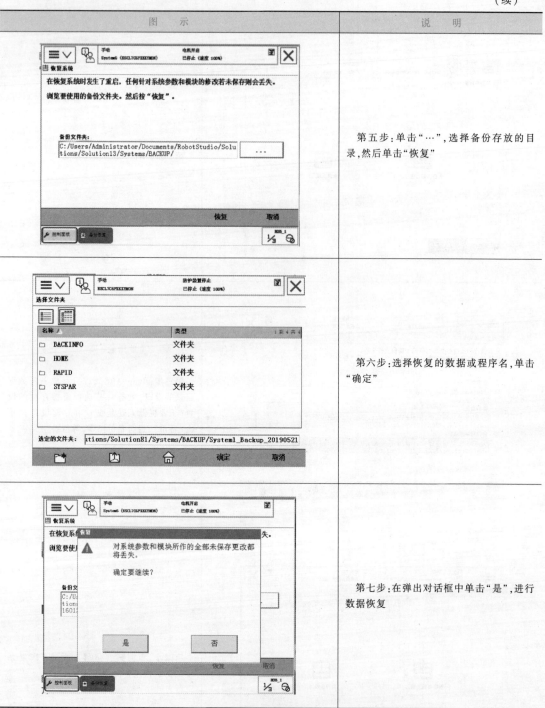	第五步：单击"…"，选择备份存放的目录，然后单击"恢复"
	第六步：选择恢复的数据或程序名，单击"确定"
	第七步：在弹出对话框中单击"是"，进行数据恢复

　　在进行数据恢复时，要注意的是，备份数据是具有唯一性的，不能将一台工业机器人的备份恢复到另一台机器人中去，这样将会造成系统故障。但是，通常会使用通用的程序和 I/O 的定义，方便在批量生产时使用，可以通过分别单独导入程序和 EIO 文件来解决实际需要。

2. 单独导入程序

在工业机器人操作中，有时需要将图 2-24 所示的程序或参数进行直接导入操作。

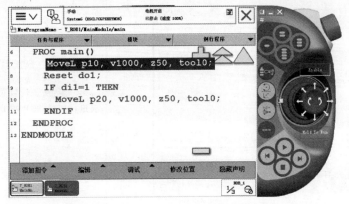

图 2-24 工业机器人程序内容

导入程序操作步骤见表 2-21。

表 2-21 导入程序操作步骤

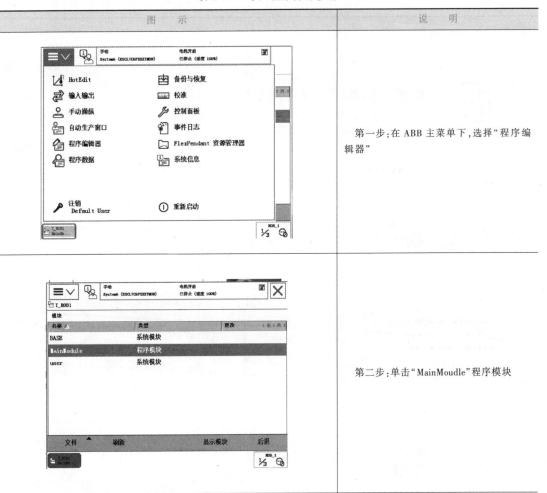

图　示	说　明
	第一步:在 ABB 主菜单下,选择"程序编辑器"
	第二步:单击"MainMoudle"程序模块

（续）

图 示	说 明
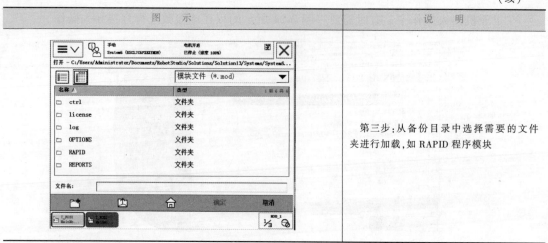	第三步：从备份目录中选择需要的文件夹进行加载，如 RAPID 程序模块

3. 单独导入 EIO 文件

单独导入 EIO 文件操作步骤见表 2-22。

表 2-22　单独导入 EIO 文件操作步骤

图 示	说 明
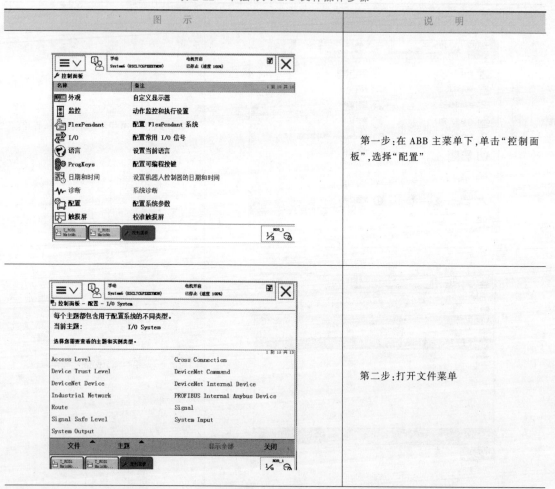	第一步：在 ABB 主菜单下，单击"控制面板"，选择"配置"
	第二步：打开文件菜单

（续）

图　　示	说　　明
	第三步:单击"加载参数"
	第四步:选择"删除现有参数后加载"
	第五步:在备份目录 \ SYSPAR 找到 EIO.cfg 文件,然后单击"确定"按钮

（续）

图　示	说　明
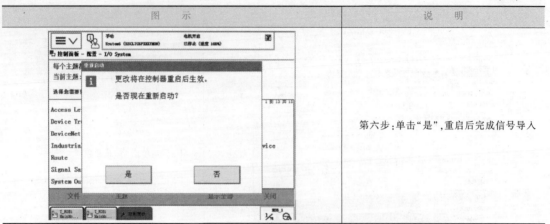	第六步：单击"是"，重启后完成信号导入

课后练习

1. 请在示教器上备份实训室内任意工业机器人的系统，并用 U 盘拷贝，存放在计算机上。

2. 把上一题备份系统中的程序模块和系统参数分别导入到与原工业机器人系统硬件配置一致的其他机器人系统，并观察结果。

学习任务七　　工业机器人转数计数器更新

1. 转数计数器更新

工业机器人各个关节后都有一个转数计数器，用独立的电池供电，以记录各个轴的数据。如果示教器提示 SMB（Serial Measurment Board 串口测量板卡，用于将机器人电动机编码器的模拟量信号转化为数字量信号。）转数计数器电池电压不足，或者工业机器人在断电情况下关节发生了移动，例如运输或搬运过程中的颠簸与碰撞，这时候需要对转数计数器进行

工业机器人转数计数器更新

更新，否则工业机器人运行位置会发生偏差。ABB 工业机器人电动机所带的转数计数器采用单圈绝对值编码器，即电动机转一圈，编码器能输出电动机在该圈下的绝对位置，见图2-25。当实际工业机器人转一定度数时，电动机可能需要转几十圈到几百圈，这取决于电动机和减速器之间的减速比。

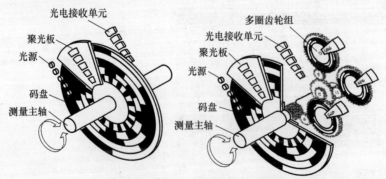

图 2-25　单圈绝对值编码器示意图

工业机器人的电动机旋转超过一圈时，此时旋转的圈数就通过工业机器人来计数（SMB），见图 2-26。工业机器人实际显示的位置就是由圈数（SMB）+单圈偏移（编码器）再乘以减速比得到的。

2. 对转数计数器进行更新

在以下情形时可能会出现转数计数器存储器的内容丢失。

1）更换伺服电动机转数计数器的电池后。

2）当转数计数器发生故障并修复后。

3）转数计数器与测量板之前断开以后。

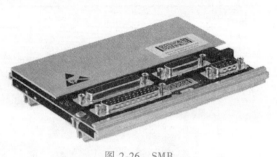

图 2-26　SMB

4）断电后，工业机器人关节轴发生了移动。

5）当系统报警提示"10036 转数计数器未更新"时。

若出现上述情况，则需对转数计数器进行更新。

3. ABB 工业机器人如何寻找零点

利用手动关节运动的方式，将工业机器人各个关节移动到各自的关节零点。其关节零点会因为工业机器人型号的不同而有所不同。IRB1410 工业机器人的校准范围和标记的位置见图 2-27。

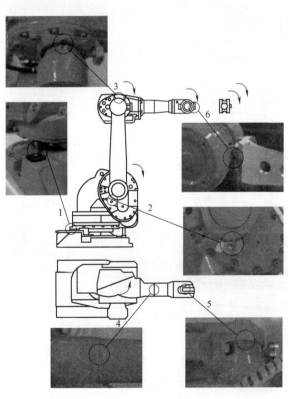

图 2-27　工业机器人零点位置

4. 更新转数计数器来获取新的零点

更新转数计数器操作步骤见表 2-23。

表 2-23　更新转数计数器操作步骤

图　　示	说　　明
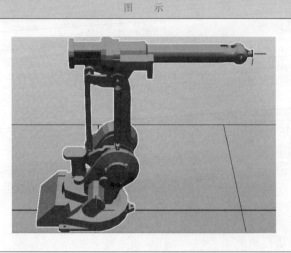	第一步:使用手动操作让工业机器人各个关节轴运动到关节零点刻度位置,各个轴运动的顺序是:4-5-6-1-2-3,各个轴关节零点的位置在工业机器人各轴的轴身上
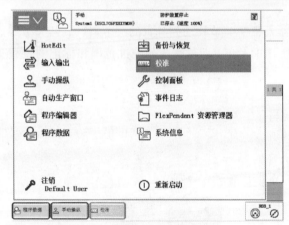	第二步:在 ABB 主菜单单击"校准"
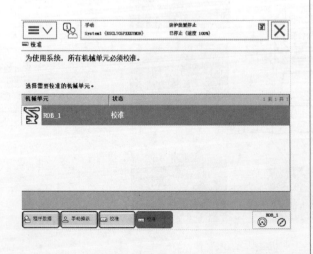	第三步:单击"ROB_1"校准

（续）

图　　示	说　　明
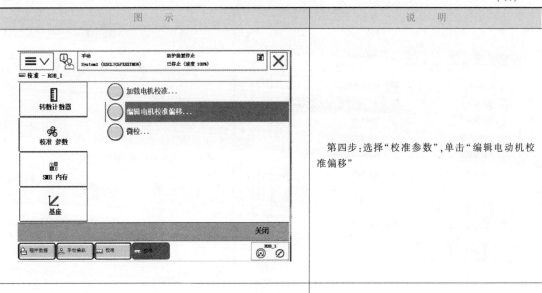	第四步：选择"校准参数"，单击"编辑电动机校准偏移"
	第五步：将工业机器人本体上第 2 轴上的电动机校准偏移记录下来，填入校准参数 rob_1~rob_6 的偏移值中，单击"确定"按钮。如果示教器显示的数值与工业机器人本体上的标签数值一致，则无需修改，单击"确定"按钮
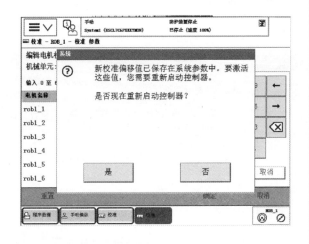	第六步：参数有效，必须重新启动系统

（续）

图　　示	说　　明
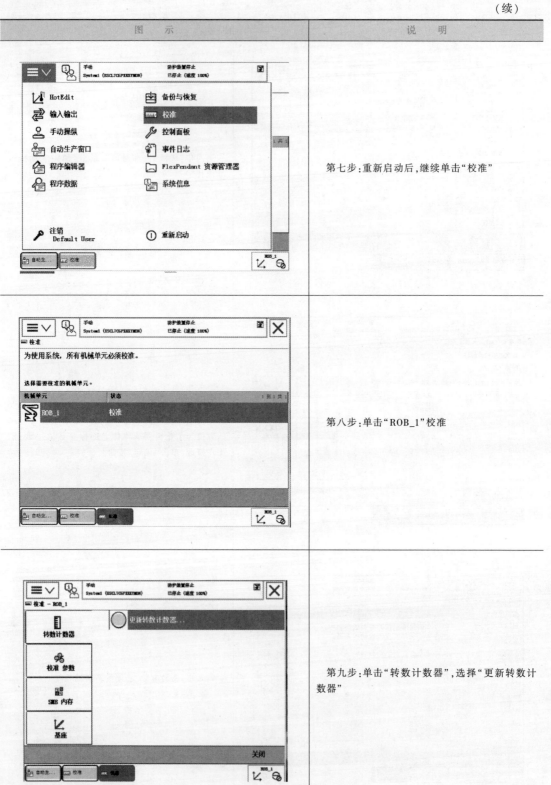	第七步：重新启动后,继续单击"校准" 第八步：单击"ROB_1"校准 第九步：单击"转数计数器",选择"更新转数计数器"

（续）

图　　示	说　　明
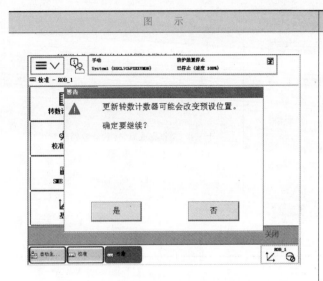	第十步：系统提示是否更新转数计数器，选择"是"
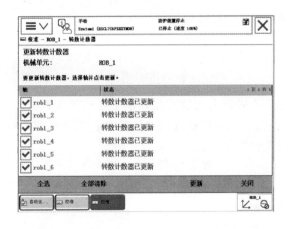	第十一步：单击"全选"，对6个轴同时进行更新操作。如果工业机器人由于安装位置关系，无法使6个轴同时到达关节零点，则可以逐一对关节进行转数计数器更新
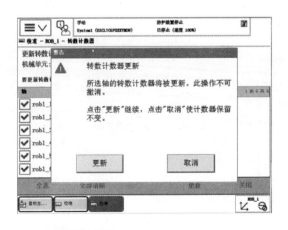	第十二步：在弹出对话框单击"更新"

（续）

图　示	说　明
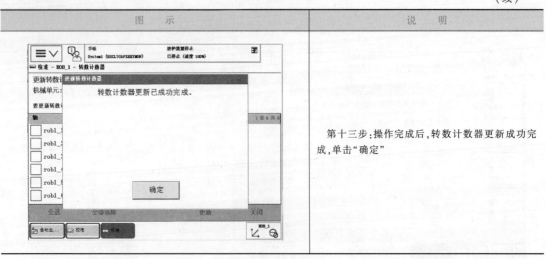	第十三步：操作完成后，转数计数器更新成功完成，单击"确定"

课后练习

请参照书中步骤更新实训室内任意工业机器人系统的转数计数器。

学习任务八　　更改工业机器人的时间及查看日志

在操作工业机器人的过程中，可以通过工业机器人的状态栏显示工业机器人相关信息，如工业机器人的状态（手动、全速手动和自动）、工业机器人的系统信息、工业机器人电动机状态、程序运行状态及当前工业机器人或外轴的使用状态。

1. 如何更改工业机器人系统时间

为了方便进行文件的管理和故障的查阅与管理，在进行工业机器人操作之前要将工业机器人系统的时间设定为本地时间，具体操作步骤见表2-24。

表 2-24　操作步骤

图　示	说　明
	第一步：在 ABB 主菜单单击"控面面板"

（续）

图　示	说　明
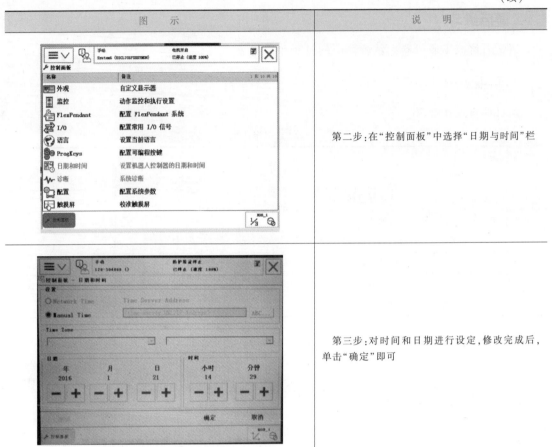	第二步：在"控制面板"中选择"日期与时间"栏
	第三步：对时间和日期进行设定，修改完成后，单击"确定"即可

2. 日志等级的介绍

操作工业机器人系统时，现场通常没有工作人员。为了方便故障排除，系统的记录功能会自动保存事件信息，并将其作为参考。每个事件日志项目不仅包含一条详细描述该事件的消息，通常还包含解决问题的建议，事件日志含义见表 2-25。

表 2-25　事件日志的含义

图　示	说　明
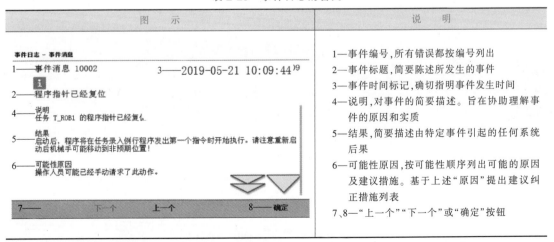	1—事件编号，所有错误都按编号列出 2—事件标题，简要陈述所发生的事件 3—事件时间标记，确切指明事件发生时间 4—说明，对事件的简要描述。旨在协助理解事件的原因和实质 5—结果，简要描述由特定事件引起的任何系统后果 6—可能性原因，按可能性顺序列出可能的原因及建议措施。基于上述"原因"提出建议纠正措施列表 7、8—"上一个""下一个"或"确定"按钮

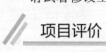 **课后练习**

请试着修改工业机器人示教器上的时间和日期。

项目评价

项目评价见表 2-26。

表 2-26 项目评价

序号	学习要求	学习评价				备注
		学会实操	掌握知识	仅仅了解	需再学习	
1	了解工业机器人安全操作应注意的事项					
2	学会工业机器人示教器的使用					
3	学会工业机器人三种模式的手动操作					
4	理解工业机器人不同坐标系的含义					
5	学会工业机器人系统备份和数据恢复操作					
6	学会工业机器人转数计数器更新操作					

项目三

工业机器人编程基础

在 ABB 工业机器人进行具体行业应用时，首先应学会其语言结构和一些重要数据的建立方法。通过正确使用 RAPID 语句指令，就可以为后期工业机器人现场应用打下基础。

学习目标

➤ 掌握 RAPID 程序的结构组成

➤ 学会工业机器人运动指令运用

➤ 了解工业机器人程序数据的定义

➤ 学会工业机器人重要程序数据的建立

➤ 学会工业机器人示教板零件的编程

➤ 学会工业机器人常用的指令应用

学习任务一　　RAPID 程序结构组成

1. RAPID 程序结构

ABB 工业机器人编程采用 RAPID 语言进行。RAPID 是一种英文编程语言，所包含的指令可以实现移动机器人、设置输出、读取输入，还能实现决策、重复其他指令、构造程序、与系统操作员交流等功能。图 3-1 就是采用 RAPID 语言编写的 ABB 工业机器人的程序。

RAPID 程序

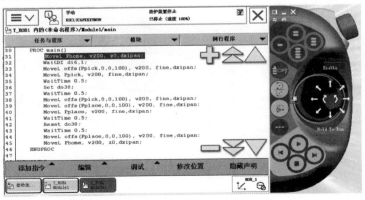

图 3-1　ABB 工业机器人 RAPID 语言

2. RAPID 程序的基本框架

ABB 工业机器人一切从任务和程序开始，通过新建立任务和程序，然后建立程序模块和例行程序，形成 ABB 工业机器人的程序框架，RAPID 程序结构建立的顺序见图 3-2。

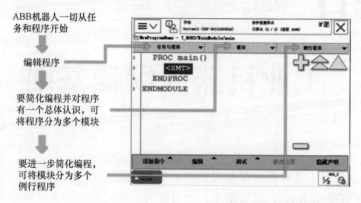

图 3-2 RAPID 程序建立的顺序

组成 RAPID 程序的是程序模块和系统模块，其中每个程序模块包含程序数据、例行程序等，RAPID 程序结构框架见表 3-1。

表 3-1 RAPID 程序结构框架

RAPID 程序结构框架			
程序模块 1	程序模块 2	程序模块 3	系统模块
程序数据 主程序 main 例行程序 中断程序 功能	程序数据 例行程序 中断程序 功能	……	程序数据 例行程序 中断程序 功能

3. RAPID 程序的建立

1）程序模块的建立，见表 3-2。

表 3-2 程序模块建立步骤

图 示	说 明
![图示]	第一步：单击"程序编辑器"

（续）

图　示	说　明
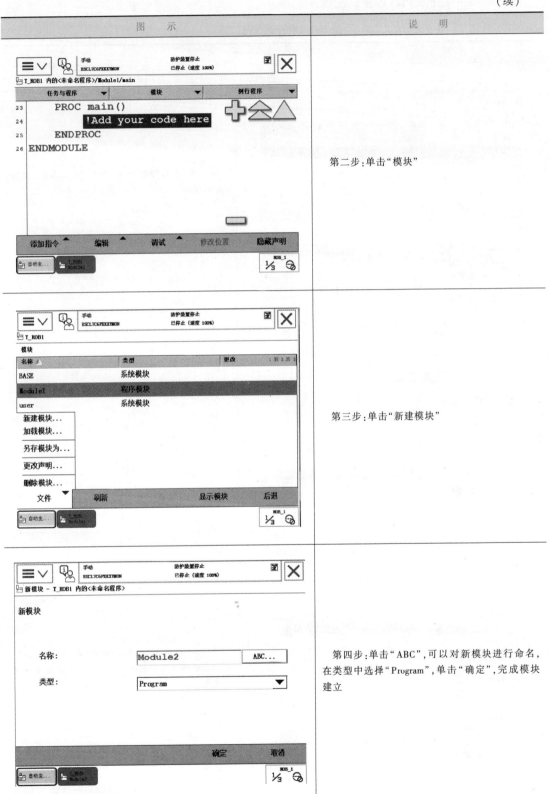	第二步：单击"模块"
	第三步：单击"新建模块"
	第四步：单击"ABC"，可以对新模块进行命名，在类型中选择"Program"，单击"确定"，完成模块建立

2）建立主程序及例行程序，见表 3-3。

表 3-3　例行程序建立步骤

图　　示	说　　明
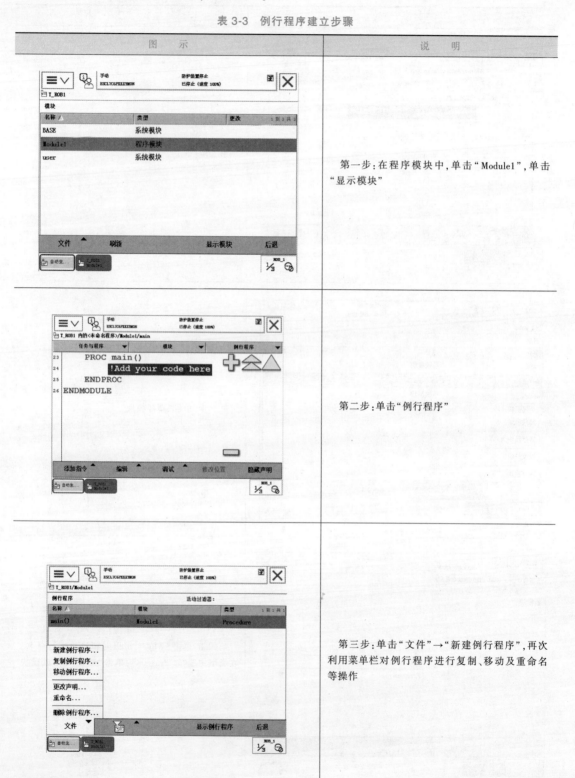	第一步：在程序模块中，单击"Module1"，单击"显示模块"
	第二步：单击"例行程序"
	第三步：单击"文件"→"新建例行程序"，再次利用菜单栏对例行程序进行复制、移动及重命名等操作

（续）

图　示	说　明
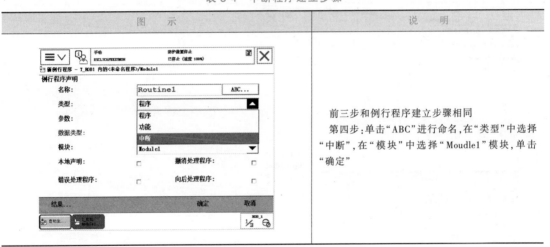	第四步：单击"ABC"，可以对新建的例行程序重新命名，在"类型"中选择"程序"，单击"确定"，即可完成例行程序的建立。如果是主程序，只需要将例行程序的名字改为"main"即可，如果例行程序中已经建立了"main"，则不能再建立了

3）建立中断程序，见表3-4。

表3-4　中断程序建立步骤

图　示	说　明
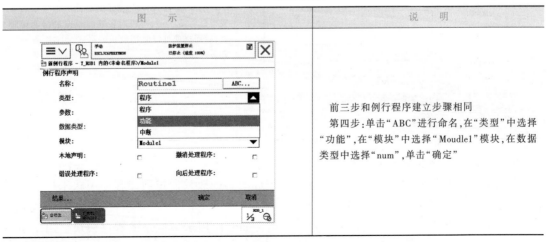	前三步和例行程序建立步骤相同 第四步：单击"ABC"进行命名，在"类型"中选择"中断"，在"模块"中选择"Moudle1"模块，单击"确定"

4）建立功能，见表3-5。

表3-5　建立功能

图　示	说　明
![建立功能图示]	前三步和例行程序建立步骤相同 第四步：单击"ABC"进行命名，在"类型"中选择"功能"，在"模块"中选择"Moudle1"模块，在数据类型中选择"num"，单击"确定"

5) 建立程序数据 num, 见表 3-6。

表 3-6 建立程序数据 num

图 示	说 明
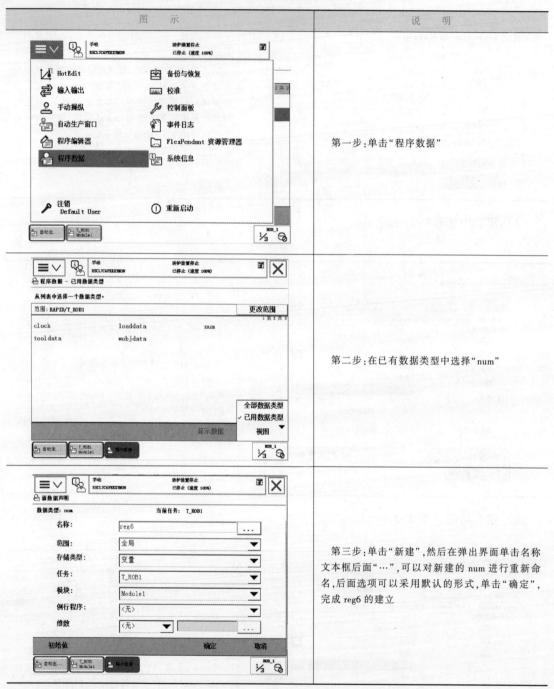	第一步:单击"程序数据"
	第二步:在已有数据类型中选择"num"
	第三步:单击"新建",然后在弹出界面单击名称文本框后面"…",可以对新建的 num 进行重新命名,后面选项可以采用默认的形式,单击"确定",完成 reg6 的建立

4. RAPID 程序使用注意事项

1) RAPID 程序是由程序模块与系统模块组成的。一般只通过新建程序模块来构建工业机器人的程序,而系统模块多用于系统方面的控制。

2) 可以根据不同的用途创建多个程序模块,如专门用于主控制的程序模块,用于位置计算的程序模块，用于存放数据的程序模块，这样便于分类管理不同用途的例行程序与数据。

3）每一个程序模块包含了程序数据、例行程序、中断程序和功能四种对象，但在一个模块中不一定包含这四种对象，程序模块之间的数据、例行程序、中断程序和功能是可以互相调用的。

4）在 RAPID 程序中，只有一个主程序 main，存在于任意一个程序模块中，并且是作为整个 RAPID 程序执行的起点。

课后练习

1. 画出建立 RAPID 例行程序的流程图。
2. 简述编写 RAPID 例行程序的注意事项。

学习任务二　工业机器人运动指令

工业机器人在空间中常用的运动指令主要有关节运动（MoveJ）、线性运动（MoveL）、圆弧运动（MoveC）和绝对位置运动（MoveAbsJ）四种方式。

工业机器人的基本运动指令

1. 绝对位置运动指令

绝对位置运动指令用 MoveAbsJ 表示，MoveAbsJ 用于将机械臂和外轴移动至轴位置中指定的绝对位置。

例 1：MoveAbsJ p50, v1000, z50, tool2;

通过速度数据 v1000 和区域数据 z50,机械臂以及工具 tool2 得以沿非线性路径运动至绝对轴位置 p50。

例 2：MoveAbsJ ∗, v1000\T:=5, fine, grip3;

机械臂以及工具 grip3 沿非线性路径运动至停止点,该停止点存储为指令(标有 ∗)中的绝对轴位置。整个运动耗时 5s。

例 3：工业机器人回零操作,步骤见表 3-7。

表 3-7　工业机器人回零操作步骤

图　　示	说　　明
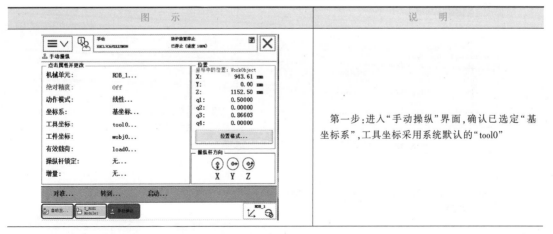	第一步:进入"手动操纵"界面,确认已选定"基坐标系",工具坐标采用系统默认的"tool0"

（续）

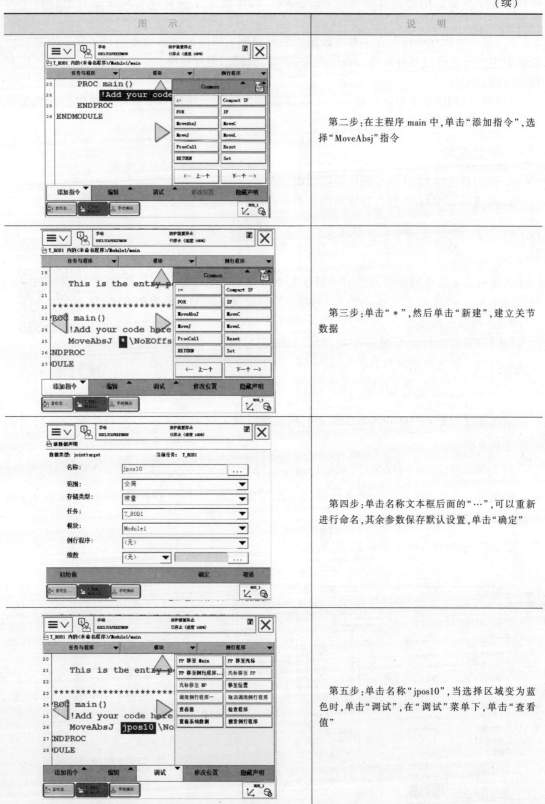

图　　示	说　　明
	第二步：在主程序 main 中，单击"添加指令"，选择"MoveAbsj"指令
	第三步：单击" ＊ "，然后单击"新建"，建立关节数据
	第四步：单击名称文本框后面的"…"，可以重新进行命名，其余参数保存默认设置，单击"确定"
	第五步：单击名称"jpos10"，当选择区域变为蓝色时，单击"调试"，在"调试"菜单下，单击"查看值"

（续）

图　示	说　明
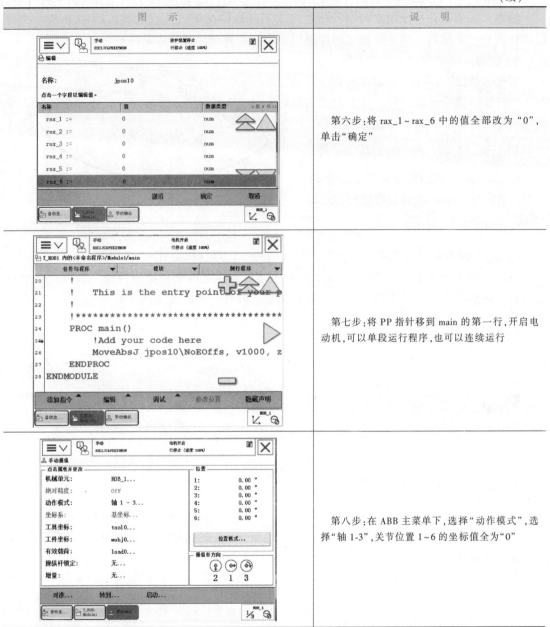	第六步：将 rax_1 ~ rax_6 中的值全部改为"0"，单击"确定"
	第七步：将 PP 指针移到 main 的第一行，开启电动机，可以单段运行程序，也可以连续运行
	第八步：在 ABB 主菜单下，选择"动作模式"，选择"轴 1-3"，关节位置 1~6 的坐标值全为"0"

2. 关节运动指令

关节运动指令用 MoveJ 表示，用于将机械臂迅速从一点移动至另一点；机械臂和外轴沿非线性路径运动至目标位置；所有轴均同时到达目标位置。

例 1：MoveJ p1，vmax，z30，tool2；

将 tool2 的 TCP（工具中心点）沿非线性路径移动至位置 p1，其速度数据为 vmax，且区域数据为 z30。

例 2：MoveJ *，vmax \T: = 5，fine，grip3；

将 grip3 的 TCP 沿非线性路径移动至存储于指令中的停止点（标记有 *），整个运动耗时 5s。

注意：关节运动指令用在对路径精度要求不高的情况下，工业机器人的 TCP 从一个位置移动到另一个位置，两个位置之间的路径不一定是直线。关节运动路径见图 3-3。

3. 线性运动指令

线性运动指令用 MoveL 表示，用于将 TCP 沿直线移动至目标位置。当 TCP 保持固定时，则该指令亦可用于调整工具方位。

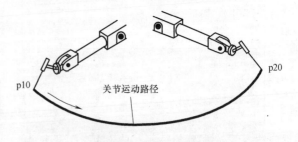

图 3-3　关节运动路径

例 1：MoveL p1，v1000，z30，tool2；

将 tool2 的 TCP 沿直线运动至位置 p1，其速度数据为 v1000，且区域数据为 z30。

例 2：MoveL *，v1000\T:=5，fine，grip3；

将 grip3 的 TCP 沿直线移动至存储于指令中的停止点（标记有 *），完整的运动耗时 5s。

注意：线性运动是指工业机器人的 TCP 从起点到终点的路径始终保持为直线。一般在如焊接、涂胶等对路径要求高的场合使用此指令。线性运动路径见图 3-4。

4. 圆弧运动指令

圆弧运动指令用 MoveC 表示，用于将 TCP 沿圆弧移动至目标位置。移动期间，该周期的方位通常相对保持不变。

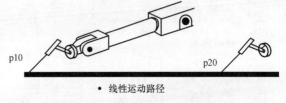

• 线性运动路径

图 3-4　线性运动路径

例 1：MoveC p1，p2，v500，z30，tool2；

将 tool2 的 TCP 沿圆弧移动至位置 p2，其速度数据为 v500 且区域数据为 z30。根据起始位置、圆周点 p1 和目的点 p2，确定该循环。

例 2：MoveL p1，v500，fine，tool1；
　　　MoveC p2，p3，v500，z20，tool1；
　　　MoveC p4，p1，v500，fine，tool1；

图 3-5 显示了如何通过 MoveC 指令，实施一个完整的周期。

注意：圆弧路径由起点、中间点、终点三个位置点构成，当前位置圆弧的起点不能和第二点位置重合，即 p10 不能和 p30 重合，见图 3-6。

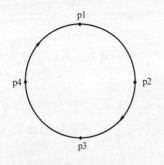

图 3-5　MoveC 指令应用

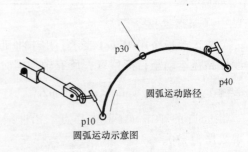

图 3-6　圆弧路径

课后练习

1. 写出 MoveJ 和 MoveL 在编程使用中的区别。

2. 思考：随便找出 p1、p2、p3、p4 四个点，利用 MoveC 指令能画出一个正圆吗？试着画一下。

学习任务三 程序数据的应用及介绍

1. 工业机器人程序数据的定义

程序数据是在程序模块或系统模块中设定的值和定义的一些环境数据。创建的程序数据可由同一个模块或其他模块中的指令进行引用。

工业机器人常用程序数据的含义

例如：MoveJ pHome,v400,fine,tool0\Wobj:=Wobj0;! ……Go to Home！

这句常用的指令，所包含的程序数据有以下几类，见表 3-8。

表 3-8 程序数据说明

程序数据	数据类型	说 明
pHome	robtarget	工业机器人运动目标位置数据
v400	speeddata	工业机器人运动速度数据
fine	zonedata	工业机器人运动区域数据
tool0	tooldata	工业机器人工具 TCP 数据
Wobj0	wobjdata	工业机器人工作数据

在 ABB 工业机器人中，程序数据可以有多个，并且可以根据实际情况进行程序数据的创建，为工业机器人带来逻辑能力与算数的灵活性，部分 ABB 工业机器人程序数据见图 3-7。

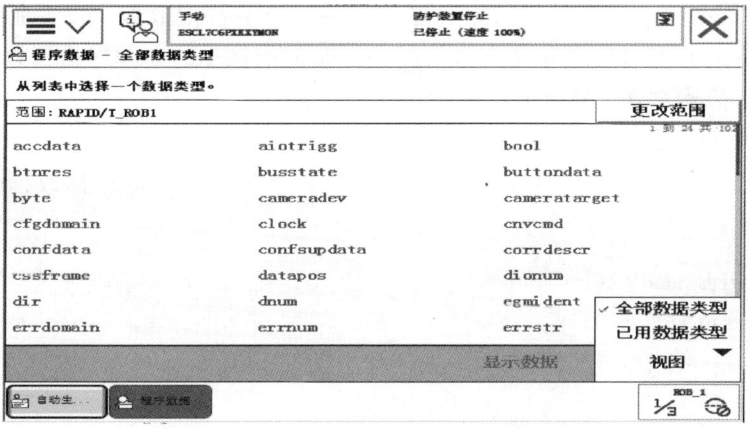

| ≡∨ | 🗨 | 手动
ESCL7C6PIXXYMON | 防护装置停止
已停止（速度 100%） | 🖵 | ✕ |

程序数据 – 全部数据类型

从列表中选择一个数据类型。

范围：RAPID/T_ROB1　　　　　　　　　　　　　　　　　　　更改范围

1 到 24 共 102

accdata	aiotrigg	bool
btnres	busstate	buttondata
byte	cameradev	cameratarget
cfgdomain	clock	cnvcmd
confdata	confsupdata	corrdescr
cssframe	datapos	dionum
dir	dnum	egmident
errdomain	errnum	errstr

显示数据　　　　　　　✓ 全部数据类型
已用数据类型
视图 ▼

🖵 自动生...　🖵 程序数据　　　　　　　　　　1/3　ROB_1 ⊘

图 3-7 部分 ABB 工业机器人程序数据

2. 程序数据的存储类型

程序数据虽然很多，但其存储类型有三类。

（1）变量（VAR）

变量型数据在程序执行的过程中和程序停止时，都会保持当前值。但如果程序指针被移动到（main）主程序后，数值则会丢失（恢复到初始值）。

```
例1：VAR num part：=0；
VAR string name：="John"；
VAR bool finished：=FALSE；
PROC main( )
  part：=10-1；
  name：="John"；
  finished：=TRUE；
ENDPROC
```

在定义数据时，可定义变量数据的初始值。part 的初始值为 0；name 的初始值为 John；finished 的初始值为 FALSE。在程序中执行变量型程序数据的赋值，在指针复位后将恢复初始值。

（2）可变量（PERS）

可变量最大的特点是无论程序指针如何，都会保持最后赋予的值。

```
例2： PERS num nCount：=1；
PERS string text：="Hello"；
PROC main( )
  nCount：=8；
  text：="hi"；
ENDPROC
```

定义名称为 nCount 的数值型数据和名称为 text 的字符型数据，在工业机器人执行的 RAPID 程序中也可以对可变量存储类型数据进行赋值的操作。在程序执行以后，赋值的结果会一直保持，直到对其重新赋值。

（3）常量（CONST）

常量的特点是在定义时已经赋予了数值，并不能在程序中进行修改，除非进行手动修改。

```
例3：MOUDLE：modle2
CONST num nCount：=9.18；
CONST string greating：="Hello"；
ENDMOUDLE
```

nCount 为数值型的常量，值为 **9.18**；greating 为字符型的常量，字符为"**Hello**"。存储类型为常量的程序数据，不允许在程序中进行赋值操作。

ABB 工业机器人常用的程序数据见表3-9，其中必须掌握的部分以粗黑体标志。

表 3-9　常用程序数据表

程序数据	说　明	程序数据	说　明
bool	布尔量	pos	位置数据(只有 X、Y 和 Z)
byte	整数数据 0~255	pose	坐标转换
clock	计时数据	robjoint	工业机器人轴角度数据
dionum	数字输入/输出信号	robtarget	机器人与外轴的位置数据
extjoint	外轴位置数据	speeddata	机器人与外轴的速度数据
intnum	中断标志符	string	字符串
jointtarget	关节位置数据	tooldata	工具数据
loaddata	负载数据	trapdata	中断数据
mecunit	机械装置数据	wobjdata	工件数据
num	数值数据	zonedata	TCP 区域半径数据

3. 程序数据应用举例

我们通过一个实例来运行程序并调试后，观察不同的存储类型、程序执行结果的变化。

```
例：PROC main( )
    ncount2 : = 2;
    ncount3 : = 3;
    WaitTime 5;
    Routine1;
ENDPROC
PROC Routine1( )
    ncount2 : = ncount2 + ncount1;
    ncount3 : = ncount3 + ncount1;
    WaitTime 5;
ENDPROC
ENDMODULE
```

示例中定义了 3 个变量，存储类型分别是变量、可变量和常量，程序执行的结果会根据指针的位置发生相应变化。

4. 常用程序数据的建立

（1）speeddata 速度数据的建立

速度数据用 speeddata 表示，用于规定机械臂和外轴均开始移动时的速率，单位为 mm/s。对于 speeddata 速度数据的建立有两种情况：

工业机器人常用程序数据建立方法

1）常用的 speeddata 程序数据系统已经建立，可以直接调用，见图 3-8。

2）系统中没有的 speeddata 程序数据，例如，在工艺中需要一个速度数据为 v230，这时就需要进行 speeddata 程序数据的新建，具体建立过程见表 3-10。

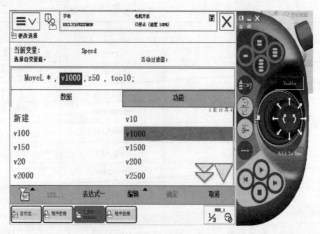

图 3-8　速度数据选择

表 3-10　速度数据的建立

图　示	说　明
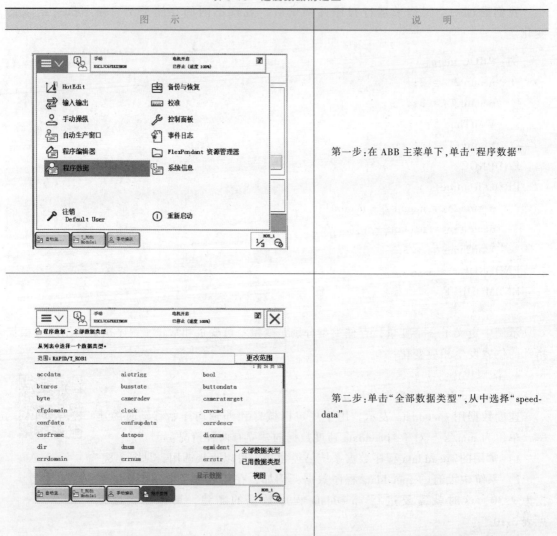	第一步：在 ABB 主菜单下，单击"程序数据"
	第二步：单击"全部数据类型"，从中选择"speed-data"

（续）

图　示	说　明
手动 ESCLTCKPELTTWON　电机开启　已停止（速度 100%） 新数据声明 数据类型: speeddata　当前任务: T_ROB1 名称: v230　... 范围: 全局 存储类型: 常量 任务: T_ROB1 模块: Module1 例行程序: ＜无＞ 维数: ＜无＞ ... 初始值　确定　取消 1/3	第三步：单击"新建"，将速度数据命名为"v230"，其余参数采用默认的类型，单击"确定"
手动 ESCLTCKPELTTWON　电机开启　已停止（速度 100%） 编辑 名称: v230 点击一个字段以编辑值。 名称　值　数据类型　1到5共5 v230: [230,500,5000,1000] speeddata v_tcp := 230 num v_ori := 500 num v_leax := 5000 num v_reax := 1000 num 撤消　确定　取消 1/3	第四步：单击"编辑"，选择"更改值"，将"v-tcp:＝"的值改为 230，单击"确定"
手动 ESCLTCKPELTTWON　电机开启　已停止（速度 100%） 更改选择 当前变量: Speed 选择自变量值: 活动过滤器: MoveAbsJ jpos10 \NoEOffs, v230, z50, tool0; 数据　功能 1到10共4 新建　v10 v100　v1000 v150　v1500 v20　v200 v2000　v230 123... 表达式... 编辑 确定 取消 1/3	第五步：刷新即可在程序中进行调用，双击语句中的速度数据，选择刚才建立的"v230"

（2）zonedata 区域数据的建立

zonedata 区域数据：用于规定如何结束一个位置，即在向下一个位置移动之前，轴必须如何接近编程位置，单位为 mm。工业机器人最终停留在位置 1 还是位置 2，由 zonedata 区域数据决定，见图 3-9。

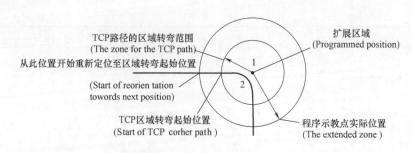

图 3-9   zonedata 数据应用

1) 常用的 zonedata 区域数据系统已经建立，可以直接调用，见图 3-10。

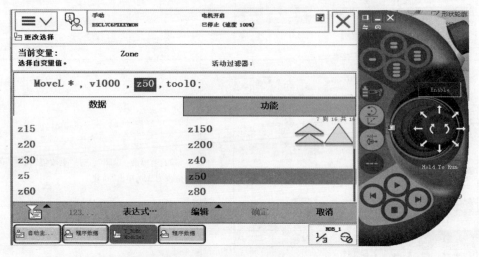

图 3-10   zonedata 数据选择

2) 系统中没有的 zonedata 程序数据，例如，需要一个转弯半径的数据为 Z35，这时就需要进行 zonedata 程序数据的新建，具体建立过程见表 3-11。

表 3-11   zonedata 数据的建立

图 示	说 明
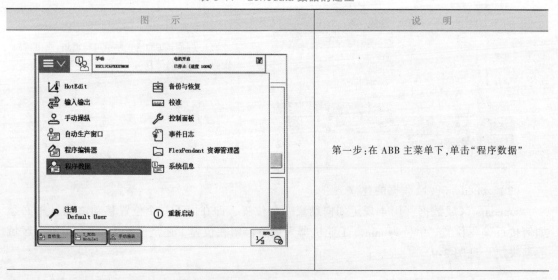	第一步：在 ABB 主菜单下，单击"程序数据"

（续）

图　示	说　明
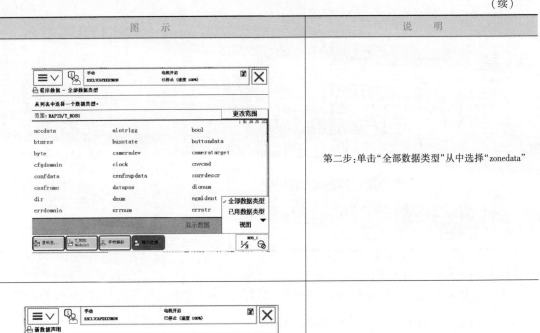	第二步：单击"全部数据类型"从中选择"zonedata"
	第三步：单击"新建"，将速度数据命名为"z35"，其余参数采用默认的类型，单击"确定"
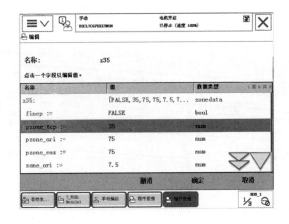	第四步：单击"编辑"，选择"更改值"，将"pzone-tcp：="的值改为35，单击"确定"

（续）

图　示	说　明
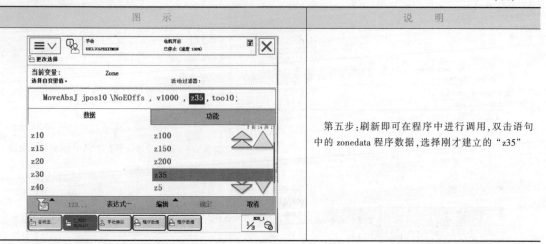	第五步：刷新即可在程序中进行调用，双击语句中的 zonedata 程序数据，选择刚才建立的"z35"

（3）bool 逻辑值的建立

逻辑值用 bool 表示，用于逻辑值（真/假）的判断，bool 型数据值可以为 TRUE 或 FALSE。

> 例 1：flag1 : = TRUE；　向标志分配值 TRUE

> 例 2：VAR bool highvalue；
> 　　　VAR num reg1；
> 　　　…
> 　　　highvalue : = reg1 > 100；

如果 reg1 大于 100，则向 highvalue 分配值 TRUE；否则，分配 FALSE。

> 例 3：IF highvalue Set do1；

如果 highvalue 为 TRUE，则设置 do1 信号。

（4）num 数值的建立

数值用 num 表示，多用于如计数器的场合。

num 数据类型的值可以为整数，例如 -5；小数，例如 3.45；指数，例如 2E3（$= 2 * 10\char94 3 =$ 2000 等。

> 例 4：VAR num reg1；
> 　　　…
> 　　　reg1: = 3；
> 将 reg1 指定为值 3。

> 例 5：
> a : = 10 DIV 3；DIV 表示取整
> b : = 10 MOD 3；MOD 表示取余

整数除法，向 a 分配一个整数（=3），并向 b 分配余数（=1）。

课后练习

1. 写出变量和可变量在使用上的区别。

2. 利用示教器分别建立速度数据 V27 和转弯数据 Z37。

学习任务四　工业机器人重要程序数据的建立

在进行正式的编程之前，必须构建必要的编程环境，其中有三个必需的关键程序数据（工具数据 tooldata、工件坐标 wobjdata、负载数据 loaddata）要在编程前进行定义。

工具坐标系的建立

1. 工具数据建立

（1）工具数据 tooldata 的定义

工具数据 tooldata 用于描述安装在工业机器人第六轴上工具 TCP、质量、重心等参数数据。默认 TCP 位于工业机器人法兰盘中心，工业机器人原始的 TCP 点即 tool0 点见图 3-11。

一般不同的工业机器人应配置不同的工具，例如，弧焊机器人使用弧焊枪作为工具，而用于搬运板材的工业机器人就会使用吸盘式的夹具作为工具，YL-1355A 型焊接系统见图 3-12，YL-1357B 型码垛系统见图 3-13。

（2）工具数据 tooldata 的建立方法

工业机器人 TCP 数据的设定原理：

① 在工业机器人工作范围内找一个非常精确的固定点作为参考点。

② 在工业机器人已安装的工具上确定一个参考点（最好是工具的中心点）。

图 3-11　工业机器人原始的 TCP 点

图 3-12　YL-1355A 型焊接系统

图 3-13　YL-1357B 型码垛系统

③ 用之前介绍的手动操纵工业机器人的方法，去移动工具上的参考点，以四种以上不同的工业机器人姿态尽可能与固定点无限接近，但不能碰上。为了获得更准确的 TCP，在以

下例子中使用六点法进行操作，第四点使工具的参考点垂直于固定点，第五点使工具参考点从固定点向将要设定为 TCP 的 X 方向移动，第六点使工具参考点从固定点向将要设定为 TCP 的 Z 方向移动。

④ 工业机器人通过这四个位置点的位置数据计算求得 TCP 的数据，然后将 TCP 的数据保存在 tooldata 程序数据中，供程序调用。

执行程序时，工业机器人将 TCP 移至编程位置。如果要更改工具以及工具坐标系，工业机器人的移动将随之更改，以便新的 TCP 到达目标。所有工业机器人在手腕处都有一个预定义工具坐标系，该坐标系被称为 tool0。这样就能将一个或多个新工具坐标系定义为 tool0 的偏移值。

工业机器人的 tooldata 可以通过三种方式建立：分别是四点法、五点法、六点法建立。四点法，不改变 tool0 的坐标方向；五点法，改变 tool0 的 Z 方向；六点法，改变 tool0 的 X 和 Z 方向（在焊接应用中最为常见）。在获取前三个点的姿态位置时，其姿态位置相差越大，最终获取的 TCP 精度越高。

1）焊枪工具数据 tooldata 的建立。下面以六点法为例，介绍焊枪工具数据 tooldata 建立的步骤（工业机器人工作模式必须在手动模式下），见表 3-12。

表 3-12　焊枪工具数据 tooldata 建立的步骤

图　　示	说　　明
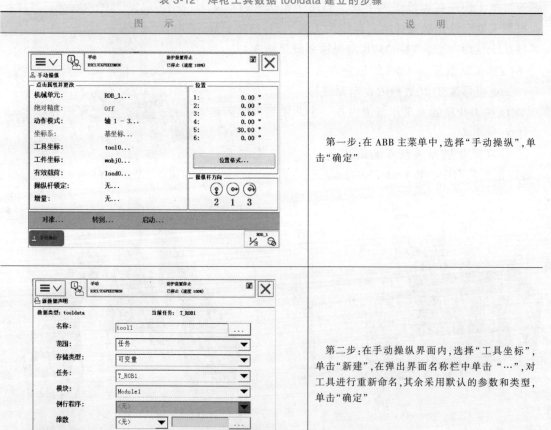	第一步：在 ABB 主菜单中，选择"手动操纵"，单击"确定"
	第二步：在手动操纵界面内，选择"工具坐标"，单击"新建"，在弹出界面名称栏中单击"…"，对工具进行重新命名，其余采用默认的参数和类型，单击"确定"

（续）

图　示	说　明
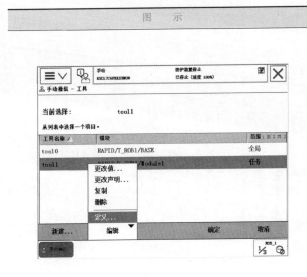	第三步：单击"编辑"，在弹出菜单中选择"定义"
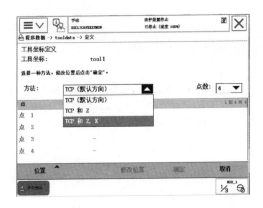	第四步：选择"TCP 和 Z,X"，采用六点法进行工具数据定义
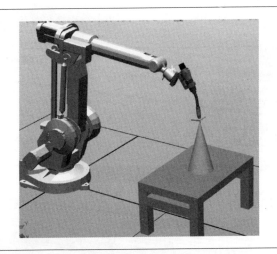	第五步：选择合适的手动操纵模式。用操纵杆使工业机器人工具参考点靠近固定点，作为第一个点

（续）

图　示	说　明
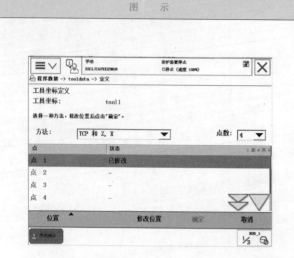	第六步:选择"点1",单击"修改位置",将点1位置记录为当前点位置
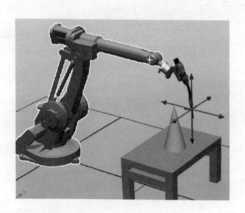	第七步:选择"线性运动"操纵模式。用操纵杆使工业机器人工具参考点向 X 正方向移动一段距离,作为延伸器点 X
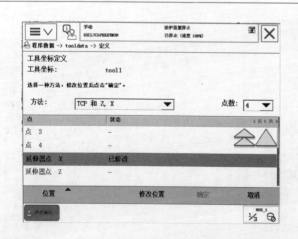	第八步:选择"延伸器点 X",单击"修改位置",将该点进行记录

（续）

图　示	说　明
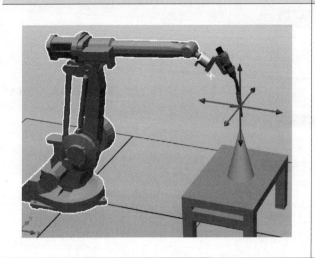	第九步：将工具线性移回到第一点位置，选择"线性运动"操纵模式。用操纵杆使工业机器人工具参考点向 Z 正方向移动一段距离，作为第三个点
	第十步：选择"延伸器点 Z"，单击"修改位置"，将该点进行记录
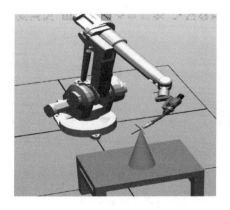	第十一步：将工具线性移回到第一点位置，选择"关节运动"模式，将第四轴和第六轴转动适当的角度。用操纵杆使工业机器人工具参考点以线性方式运动到尖端点，作为第二个点

（续）

图　示	说　明
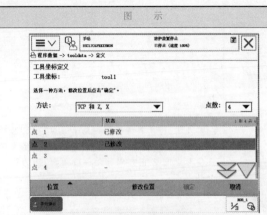	第十二步:选择"点 2",单击"修改位置",将点 2 位置记录为当前点位置
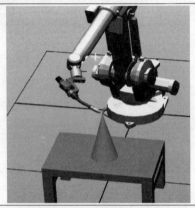	第十三步:将工具线性移回到第一点位置,选择"关节运动"模式,将第四轴和第六轴转动适当的角度。用操纵杆使工业机器人工具参考点以线性方式运动到尖端点,作为第三个点
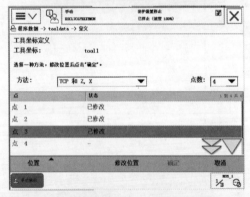	第十四步:选择"点 3",单击"修改位置",将点 3 位置记录为当前点位置
	第十五步:将工具线性移回到第一点位置,选择"关节运动"模式,将第五轴和第六轴转动适当的角度。用操纵杆使工业机器人工具参考点以线性方式运动到尖端点,作为第四个点

（续）

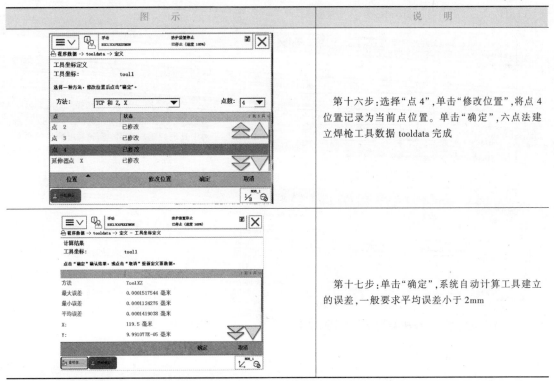

图　示	说　明
	第十六步：选择"点4"，单击"修改位置"，将点4位置记录为当前点位置。单击"确定"，六点法建立焊枪工具数据 tooldata 完成
	第十七步：单击"确定"，系统自动计算工具建立的误差，一般要求平均误差小于 2mm

2）吸盘（夹爪）tooldata 的建立。工业机器人除了用作焊接之外，还广泛地用于搬运和码垛领域。当工业机器人用于搬运时，一般选用的工具有真空吸盘、夹爪等。

这些工具一般会直接安装在工业机器人法兰盘上。真空吸盘和夹爪的工具数据 tooldata 建立只需要设定三个参数：mass（工具质量）、trans（重心位置数据）、cog（TCP 位置数据），这些值在工具设计时可以通过软件或数学计算求得。以真空吸盘为例，在设置前已知道吸盘相关的一些数据，如工具质量 20kg、重心位于 tool 0 点 +Z 方向 30mm，TCP 位于 tool0 点 +Z 方向 50mm，只要找到相应参数的位置，填入相应的值就可以完成吸盘工具数据的建立，建立过程见表 3-13。

表 3-13　吸盘 tooldata 建立步骤

图　示	说　明
	第一步：在 ABB 主菜单中选择"手动操纵"，单击"确定"

工业机器人技术基础及应用

（续）

图　示	说　明
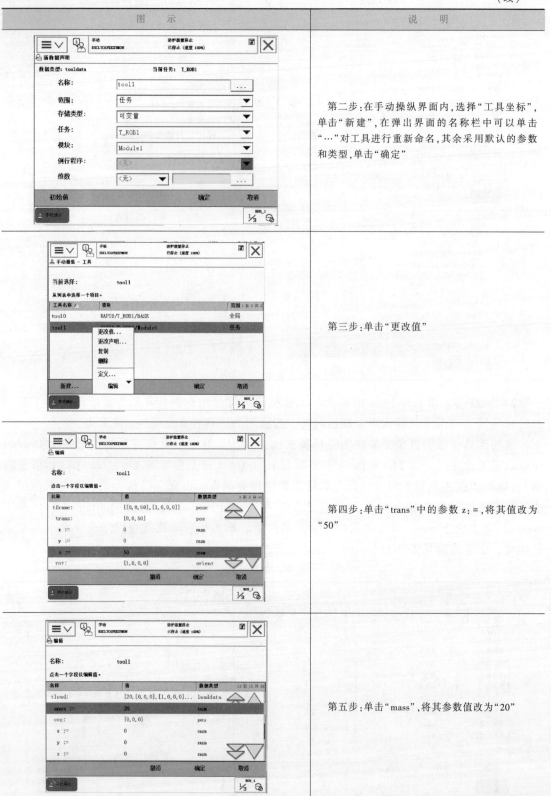	第二步：在手动操纵界面内，选择"工具坐标"，单击"新建"，在弹出界面的名称栏中可以单击"…"对工具进行重新命名，其余采用默认的参数和类型，单击"确定"
	第三步：单击"更改值"
	第四步：单击"trans"中的参数 z:=，将其值改为"50"
	第五步：单击"mass"，将其参数值改为"20"

（续）

图　　示	说　　明
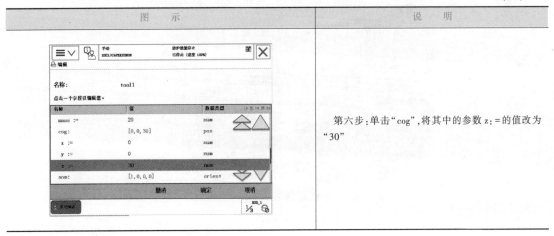	第六步：单击"cog"，将其中的参数 z：＝的值改为"30"

（3）工具数据 tooldata 的精度控制

工具数据建立的精度直接影响焊接过程中的焊枪的工作路径，在确定数据时，精度的检验可通过以下两种方式进行：

1）工具数据在建立的过程中，通过六点法自动计算 TCP 的位置，可通过查看平均偏差的大小来判断工具数据建立的精度，平均偏差越小，说明工具数据精度越高。

2）将工具放置在物体的尖端点上，通过采用工业机器人重定位方式，观察工业机器人在位置变化时 TCP 相对于尖点的位移。

为了提高工具数据建立的精度，我们可以采用以下两种方法。

1）工业机器人在采用六点法靠近尖端点时，各个轴变化的姿态相差越大，最终获取的 TCP 精度越高。

2）利用六点法靠近尖端点时，每次位置点偏差越小，精度越高，所以在靠近尖端点时，尽可能采用增量运动方式靠近，但不能碰到尖端点。

2．工件数据建立

（1）工件数据的定义

工件数据也称工件坐标，用 wobjdata 表示，用来定义工件相对于大地坐标系或其他坐标系的位置。工业机器人可以拥有若干工件坐标系，或者表示不同工件，或者表示同一工件在不同位置的若干副本。工业机器人进行编程就是在工件坐标系中创建目标和路径，见图 3-14。

工件坐标系的建立

利用工件坐标系进行编程，重新定位工作站中的工件时，只需要更改工件坐标，所有路径将即刻随之更新；允许操作以外轴或传送导轨移动的工件，因为整个工件可连同其路径一起移动，见图 3-15。即在图 3-15a 工件坐标 B 中对 A 对象进行了轨迹编程，当工件坐标变化成图 3-15b 中工件坐标 D 后，只需在工业机器人系统中重新定义工件坐标 D，则工业机器人的轨迹就自动更新到 C 了，不需要再次轨迹编程。

同理，对于 YL-1355A 示教板上面的图形，见图 3-16，如果定义了工件数据 wobj1，在 wobj1 下，编制好图形的路径，当将工件移动一定位置或旋转一定角度时，我们只需重新定义 wobj1，不需要改变程序中示教板零件图形的指令，就可以完成图形的轨迹编程。需要注意的是，wobj1 在建立过程中，两次的位置不能发生变化，只能是同一个点。

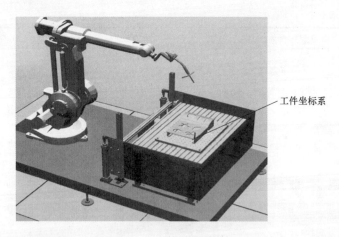

图 3-14　工件数据的位置

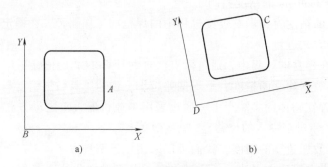

图 3-15　工件数据的应用

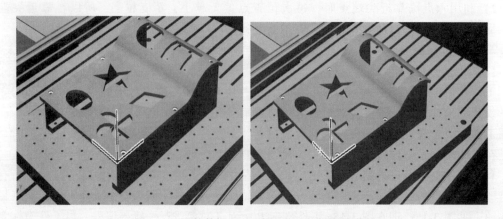

图 3-16　工件数据在 YL-1355A 示教板中的应用

（2）工件数据的建立

在工件的平面上，只需要定义三个点 X1、X2、Y1，就可以建立一个工件坐标系，见图 3-17。其中，X1 确定原点位置，X1、X2 确定 X 轴，Y1 确定 Y 轴，通常我们采用右手笛卡儿坐标系进行 Z 轴的确定。即伸出右手，用拇指方向表示 Z 轴，用食指方向表示 X 轴，用中指方向表示 Y 轴；它们之间两两垂直，见图 3-18。

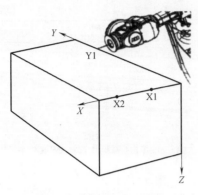

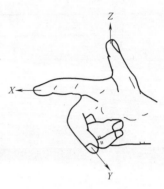

图 3-17 工件坐标系建立　　　　　图 3-18 右手笛卡儿坐标系

要注意三个点的拾取顺序和位置，否则工件坐标系建立会有误。以 YL-1355A 为例建立工件数据的步骤见表 3-14。

表 3-14 工件数据的建立步骤

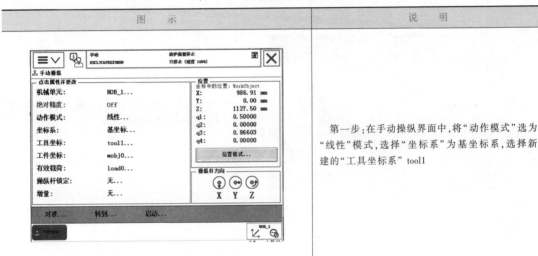

图 示	说 明
	第一步：在手动操纵界面中，将"动作模式"选为"线性"模式，选择"坐标系"为基坐标系，选择新建的"工具坐标系"tool1
	第二步：单击"工件坐标系"，然后单击"新建"。在弹出界面的名称栏里输入工件坐标系名称，单击"…"，可对工件坐标系进行重新命名，其余选项和内容按照默认的格式，单击"确定"

工业机器人技术基础及应用

（续）

图　示	说　明
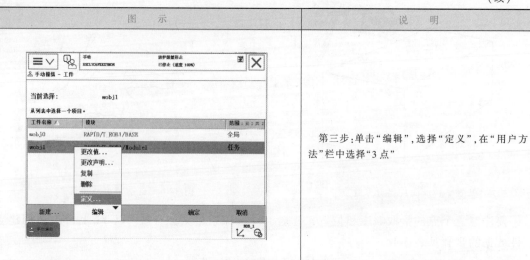	第三步:单击"编辑",选择"定义",在"用户方法"栏中选择"3点"
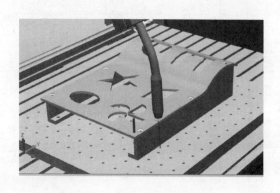	第四步:将工业机器人焊枪工具以线性运动的方式,移动到工作台边缘位置
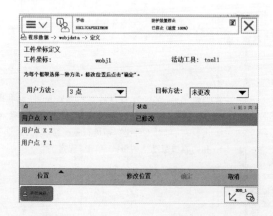	第五步:在左图对话框中,选择"用户点X1",单击"修改位置"

（续）

图　示	说　明
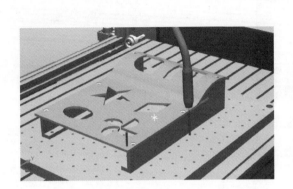	第六步:将工业机器人焊枪工具以线性运动的方式,移动到工作台边缘位置
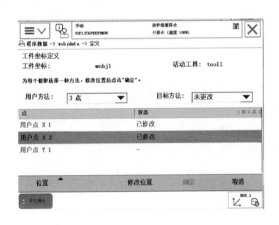	第七步:在左图对话框中,选择"用户点 X2",单击"修改位置"
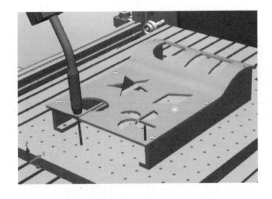	第八步:将工业机器人焊枪工具以线性运动的方式,移动到工作台边缘位置

工业机器人技术基础及应用

（续）

图　示	说　明
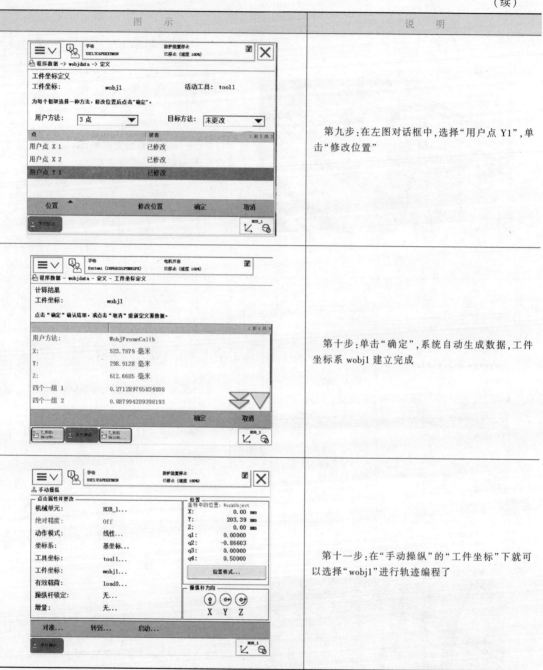	第九步：在左图对话框中，选择"用户点 Y1"，单击"修改位置"
	第十步：单击"确定"，系统自动生成数据，工件坐标系 wobj1 建立完成
	第十一步：在"手动操纵"的"工件坐标"下就可以选择"wobj1"进行轨迹编程了

3. 负载数据建立

（1）负载数据的定义

负载数据 loaddata，用于描述机械臂安装法兰的负载，即机械臂夹具所施加的载荷。对于搬运工作的工业机器人，见图 3-19，必须正确设定夹具的质量、重心数据 tooldata 以及搬运对象的质量和重心数据 loaddata，其重心数据 tooldata 是基于工业机器人法兰盘中心 tool0 来设定的。

图 3-19　YL-1357B 型工业机器人搬运码垛系统

（2）负载数据的建立方法

建立 loaddata 需要建立四个参数，即：mass，有效载荷的质量，单位为 kg；cog，有效载荷重心，单位为 mm，如果使用固定工具，则用机械臂所移动工件的坐标系来表示夹具所夹持有效载荷的重心；aom，力矩轴的姿态，始于 cog 的有效载荷惯性矩的主轴方向；i_X、i_Y、i_Z：有效载荷的转动惯量，单位为 $kg \cdot m^2$。这些值可以通过计算求得，也可以通过工业机器人自测得到，具体 loaddata 建立参数见表 3-15。

表 3-15　loaddata 有效载荷参数表

名称	参数	单位
有效载荷质量	load. mass	kg
有效载荷重心	load. cog. x load. cog. y load. cog. z	mm
力矩轴方向	load. aom. q1 load. aom. q2 load. aom. q3 load. aom. q4	
有效载荷的转动惯量	ix iy iz	$kg \cdot m^2$

loaddata 参数如果是通过计算得到的，则只需要将相关的参数填入相应的位置即可，具体建立过程见表 3-16。

也可以通过工具自动识别程序，对 tooldata 和 loaddata 进行识别。LoadIdentify 是 ABB 工业机器人开发的，可用于自动识别安装在六轴法兰盘上的工具（tooldata）和载荷（loaddata）的重量，以及重心（设置 tooldata 和 loaddata 是自己测量工具的质量和重心，然后填写参数进行设置，但是这样会有一定的不准确性）。

表 3-16　loaddata 有效载荷数据建立过程

图　　示	说　　明
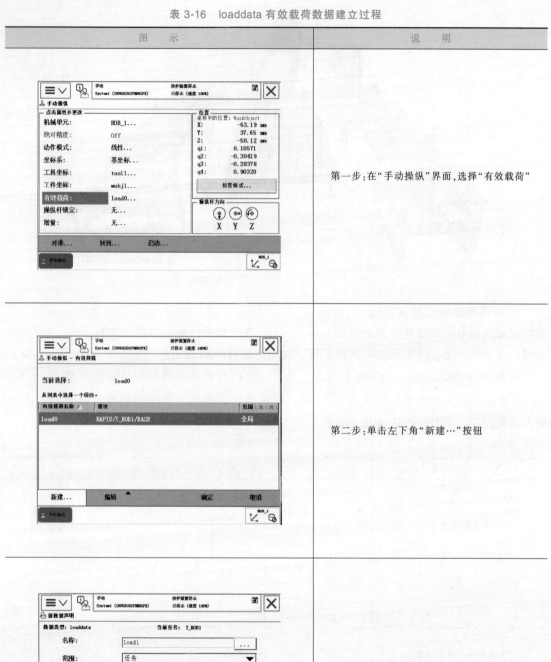	第一步:在"手动操纵"界面,选择"有效载荷"
	第二步:单击左下角"新建…"按钮
	第三步:单击"初始值"对有效载荷数据属性进行设定

（续）

图　示	说　明
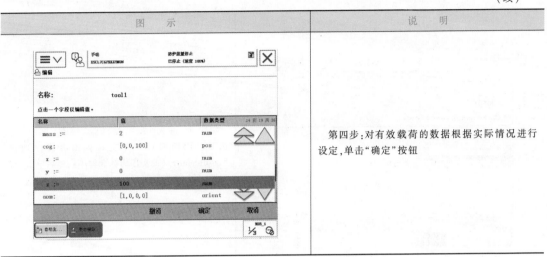	第四步:对有效载荷的数据根据实际情况进行设定,单击"确定"按钮

在手持工具的应用中，应使用 LoadIdentify 识别工具的质量和重心；在手持夹具的应用中，应使用 LoadIdentify 识别夹具和搬运对象的质量和重心。

以 YL-1355A 为例进行 LoadIdentify 设定，操作步骤见表 3-17。

表 3-17　LoadIdentify 操作步骤

图　示	说　明
	第一步:使用"手动操纵"功能,让工业机器人返回机械原点
	第二步:进入"手动操纵",选择"工具坐标",选择需要测量的工具数据(如果有载荷选择测量的载荷)

（续）

图　示	说　明
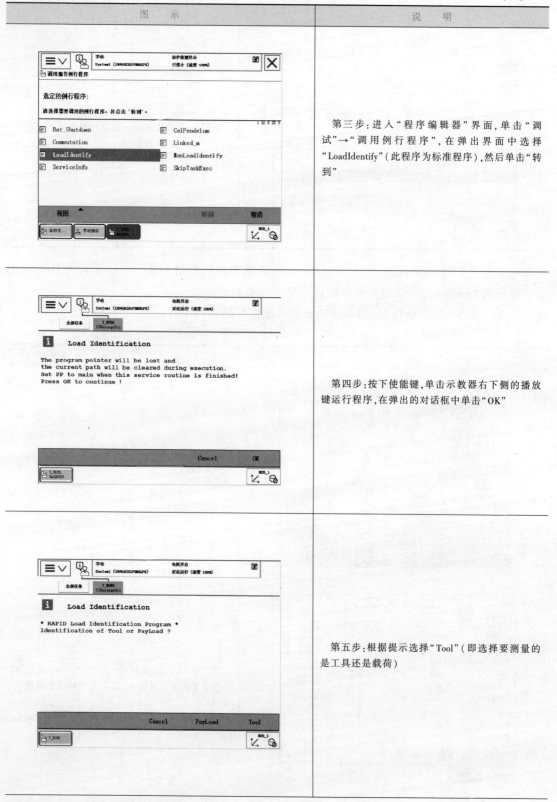	第三步：进入"程序编辑器"界面，单击"调试"→"调用例行程序"，在弹出界面中选择"LoadIdentify"（此程序为标准程序），然后单击"转到"
	第四步：按下使能键，单击示教器右下侧的播放键运行程序，在弹出的对话框中单击"OK"
	第五步：根据提示选择"Tool"（即选择要测量的是工具还是载荷）

（续）

图　　　示	说　　　明
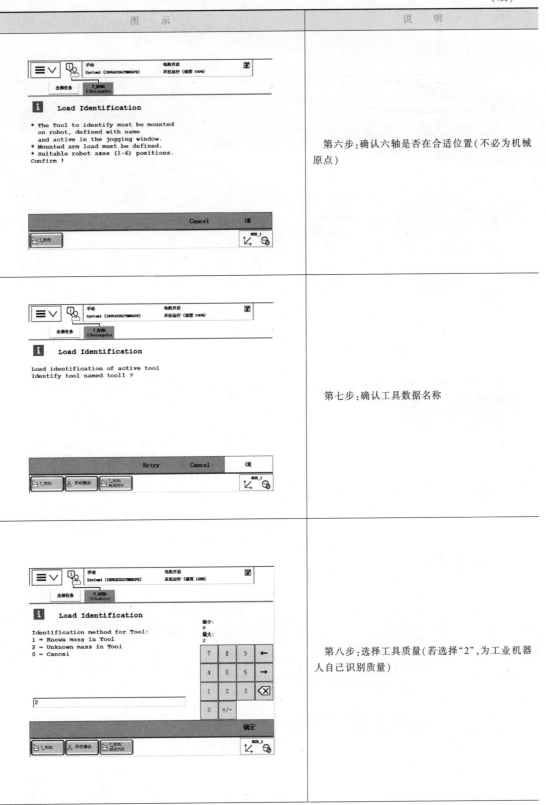	第六步:确认六轴是否在合适位置(不必为机械原点)
	第七步:确认工具数据名称
	第八步:选择工具质量(若选择"2",为工业机器人自己识别质量)

（续）

图 示	说 明
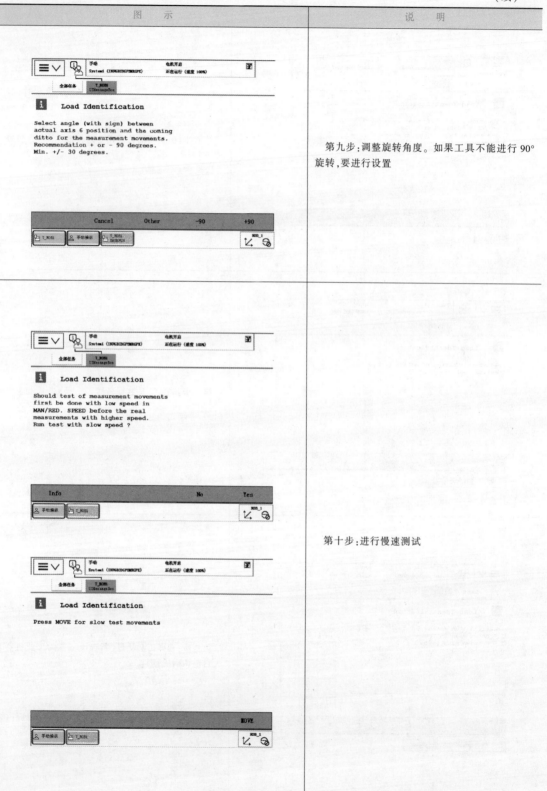	第九步:调整旋转角度。如果工具不能进行 90° 旋转,要进行设置 第十步:进行慢速测试

（续）

图　　示	说　　明
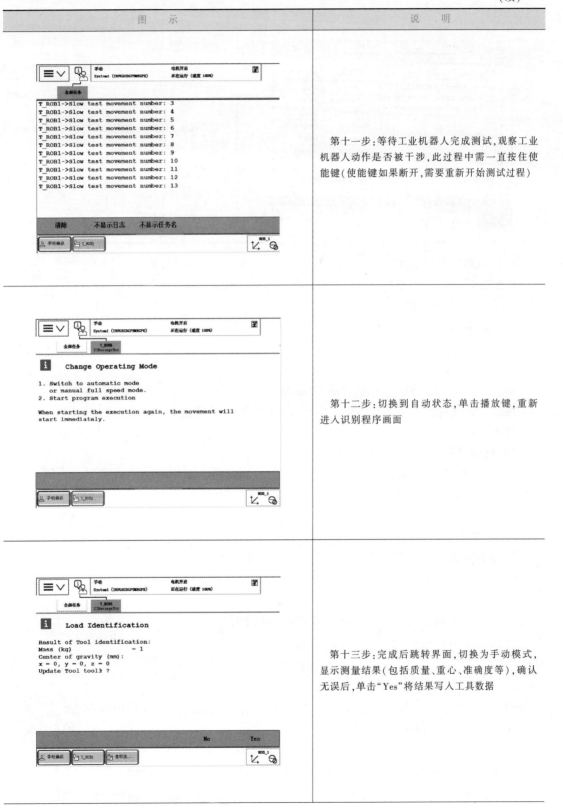	第十一步：等待工业机器人完成测试，观察工业机器人动作是否被干涉，此过程中需一直按住使能键（使能键如果断开，需要重新开始测试过程）
	第十二步：切换到自动状态，单击播放键，重新进入识别程序画面
	第十三步：完成后跳转界面，切换为手动模式，显示测量结果（包括质量、重心、准确度等），确认无误后，单击"Yes"将结果写入工具数据

（续）

图　　示	说　　明
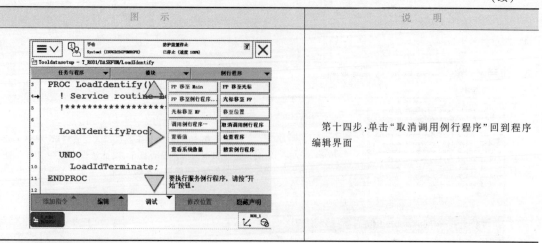	第十四步：单击"取消调用例行程序"回到程序编辑界面

（3）负载数据的应用

程序部分内容解释如下：

Set do1；夹具夹紧

GripLoad load1；指定当前搬运对象的质量和重心 load1

……

Reset do1；夹具松开

GripLoad load0；将搬运对象清除为 load0

注意：负载数据定义不正确可能会导致机械臂机械结构过载，常常会引起以下后果，建议在使用时要慎重。

1）机械臂将不会运动，提出报警。

2）路径准确性受损，包括过度风险。

3）机械结构过载风险。

课后练习

1. 试着在虚拟示教器上用六点法建立一个焊枪工具的 TCP。

2. 说一说提升工具数据精度的方法。

3. 试着在实训室的工作台上建立一个合适的工件坐标。

4. 说出工业机器人在什么情况下应建立负载数据。

学习任务五　　示教板零件编程

通过工业机器人基本运动指令、工具数据及工件数据的学习，即可对一些简单的图形进行轨迹编程。

1. 示教板图形分析

一般地，对于简单的图形（由直线和圆弧组成），可以采用示教的方式进行编程；对于复杂的图形（曲线、椭圆等）必须借助仿真软件，进行离线

如何让工业机器人绘制图形

编程。YL-1355A 示教板零件图形见图 3-20。

　　该示教板共有六个图形，其中两个图形在空间曲面上，其余四个图形在一个平面上。其中三个图形的轮廓由直线、斜线、规则圆弧组成，对于这类图形，我们可以采用示教的方式进行编程，而对于椭圆以及曲面的图形目前用示教的方式没有办法解决，后期会借助离线编程软件来完成这类

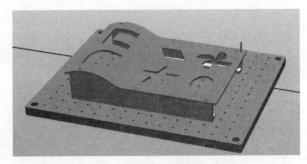

图 3-20　YL-1355A 示教板零件图形

图形的轨迹编程。这里主要是针对示教板零件上的三个可以进行点位示教的图形进行编程。

　　2. 示教板零件编程

　　以 YL-1355A 示教板零件为例，进行相关图形的编程练习，见图 3-21。

图 3-21　对 YL-1355A 示教板零件图形进行编程

　　（1）平行四边形
　　参考程序：

```
PROC SBX( )
MoveL offs( pS1,0,0,80),v50,z0,tool0;
MoveL pS1,v50,z0,tool0;
MoveL pS2,v50,z0,tool0;
MoveL pS3,v50,z0,tool0;
MoveL pS4,v50,z0,tool0;
MoveL pS1,v50,z0,tool0;
MoveL offs( pS4,0,0,80),v50,z0,tool0;
ENDPROC
```

　　（2）五角星

参考程序：

```
PROC WJX( )
MoveAbsJ jpos10\NoEOffs, v300, z0, tool0;
MoveJ pHome,v300,z0,tool0;
MoveL offs( pW1,0,0,80) ,v50,z0,tool0;
MoveL pW1,v50,z0,tool0;
MoveL pW2,v50,z0,tool0;
MoveL pW3,v50,z0,tool0;
MoveL pW4,v50,z0,tool0;
MoveL pW5,v50,z0,tool0;
MoveL pW6,v50,z0,tool0;
MoveL pW7,v50,z0,tool0;
MoveL pW8,v50,z0,tool0;
MoveL pW9,v50,z0,tool0;
MoveL pW10,v50,z0,tool0;
MoveL pW1,v50,z0,tool0;
MoveL offs( pW10,0,0,80) ,v50,z0,tool0;
ENDPROC
```

（3）风车

参考程序：

```
PROC FC( )
MoveAbsJ jpos10\NoEOffs, v300, z0, tool0;
MoveJ pHome,v300,z0,tool0;
MoveL offs( pF1,0,0,80) ,v50,z0,tool0;
MoveL pF1,v50,z0,tool0;
MoveL pF2,v50,z0,tool0;
MoveC pF3, pF1, v50, z0, tool0;
MoveL pF5,v50,z0,tool0;
MoveC pF6, pF1, v50, z0, tool0;
MoveL pF8,v50,z0,tool0;
MoveC pF9, pF1, v50, z0, tool0;
MoveL pF10,v50,z0,tool0;
MoveC pF12, pF1, v50, z0, tool0;
MoveL offs( pF1,0,0,80) ,v50,z0,tool0;
ENDPROC
```

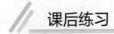 **课后练习**

试用 MoveJ、MoveL 和 MoveC 指令操纵工业机器人画出一个自己喜欢的图形。

学习任务六　　工业机器人常用指令介绍

1. 逻辑循环指令

（1）Compact IF 指令的结构及使用

Compact IF 指令含义：如果满足条件，那么执行后面的指令。

Compact IF 指令的使用：仅在满足给定条件的情况下执行单个指令时，

使用 Compact IF。

逻辑循环指令
的应用 1

例1：

Compact IF reg1 > 5

GOTO next;

如果 reg1 大于 5，在 next 标签处继续执行程序。

例 2：

Compact IF reg2 > 10

Set do1;

如果 reg2>10，则设置 do1 信号。

Compact IF 和 IF 指令的区别：前者用于一个条件满足后就执行一句指令；而后者则根据不同的条件来执行不同的指令，且条件判定的数量可以根据实际情况增加或减少。

（2）IF 指令的结构及使用

IF 指令含义：如果满足条件，那么……；否则……

IF 指令的使用：根据是否满足条件，执行不同的指令时，使用 IF 指令，也就是根据不同的条件去执行不同的指令。

例3：

IF nCount = 1 THEN

bPalletFull : = TRUE;

ELSEIF nCount = 2 THEN

bPalletFull : = FALSE;

ELSE

Set do1;

ENDIF

（3）FOR 指令的结构及使用

FOR 指令的含义：重复执行判断指令。

FOR 指令的使用：用于一个或多个指令需要重复执行数次的情况。

例4：

FOR i FROM 1 TO 6 DO

ncount＝ncount+1；

将 ncount 连续加 1，重复执行 6 次。

逻辑循环指
令应用2

例5：

FOR i FROM 1 TO 6 DO

rPick；

例行程序 rPick，无返回值重复执行 6 次。

（4）WHILE 指令的结构及使用

WHILE 指令的含义：只要……便重复运行程序。

WHILE 指令的使用：只要给定条件表达式评估为 TRUE 值，当重复执行一些指令时使用 WHILE。WHILE 和 FOR 的区别是，FOR 可以知道重复次数。

例6

WHILE reg1 < reg2 DO

…

reg1 ：= reg1 + 1；

ENDWHILE

如果 reg1＝1，reg2＝10，只要 reg1 < reg2，则重复 WHILE 块中的 reg1 ：= reg1+1 指令。

注意语句：WHILE Condition DO ... ENDWHILE 中 Condition 数据类型要为 bool。

2. 赋值指令

赋值指令 "：=" 的含义：分配一个数值。

赋值指令 "：=" 的使用：用于向数据分配新值，该值可以是一个恒定值，亦可以是一个算术表达式，例如，reg1+5 * reg3。

赋值指令及 I/O
指令应用

例1：

reg1 ：= 5；

将 reg1 指定为值 5。

例2：

reg1 ：= reg2-reg3；

将 reg1 的值指定为 reg2-reg3 的计算结果。

例3：

counter ：= counter + 1；

将 counter 增加 1。

3. I/O 控制指令

（1）Set 指令

Set 指令的含义：设置数字输出信号。

Set 指令的使用：用于将数字输出信号的值设置为 1。

例 1：

Set do15；

将信号 do15 设置为 1。

例 2：

Set weldon；

将信号 weldon 设置为 1。

注意：必须建立 do1 信号，否则无法进行置位。

（2）Reset 指令

Reset 指令的含义：重置数字输出信号。

Reset 指令的使用：用于将数字输出信号的值重置为零。

例 3：

Reset do15；

将信号 do15 设置为 0。

例 4：

Reset weld；

将信号 weld 设置为 0。

注意：如果在 Set、Reset 指令前有运动指令 MoveJ、MoveL、MoveC、MoveAbsj 的转弯区域数据，必须使用 fine 才可以准确地输出 I/O 信号的状态。

例 5：

moveL　p10　v200，fine，tool1；

Reset do15；

moveL　p20　v200，fine，tool1；

（3）PulseDO 指令

PulseDO 指令的含义：产生关于数字输出信号的脉冲。

PulseDO 指令的作用：用于产生关于数字输出信号的脉冲。

例 6：

PulseDO/PLength＝0.2 do15；

输出信号 do15 产生的脉冲长度为 0.2s。

例 7：

PulseDO\PLength：＝1.0，ignition；

信号 ignition 产生的脉冲长度为 1.0s。

4. 等待指令

（1）WaitTime 指令

WaitTime 指令的含义：等待给定的时间。

WaitTime 指令的使用：WaitTime 用于等待给定的时间。该指令可用于等待，直至机械臂和外轴静止，单位为 s。

例1：

WaitTime 0.5；

程序执行等待 0.5s。

例2：

WaitTime 50；

程序执行等待 50s。

（2）WaitUntil 指令

WaitUntil 指令的含义：等待直至满足条件。

WaitUntil 指令的使用：等待直至满足逻辑条件。WaitUntil 指令可用于布尔量、数字量和 I/O 信号值的判断。如果条件到达指令中的设定值，程序继续往下执行；否则就一直等待，除非设定了最大等待时间。

例3：

WaitUntil di1 = 1；

WaitUntil do1 = 0；

WaitUntil bPalletFull = TRUE；

WaitUntil nCount = 8；

仅在已设置条件满足后，继续执行程序。

（3）WaitDI 指令

WaitDI 指令的含义：等待直至已设置数字输入信号。

WaitDI 指令的使用：WaitDI 即 Wait Digital Input，用于等待直至已设置数字信号输入。

例4：

WaitDI di4,1；

仅在已设置 di4 输入后，继续执行程序。

例5：

WaitDI grip_status,0；

仅在已设置 grip_ status 输入后，继续执行程序。

（4）WaitDO 指令

WaitDO 指令的含义：等待直至已设置数字信号输出。

WaitDO 指令的使用：WaitDO 即 Wait Digital Output，等待数字信号输出，直至已设置数字信号输出。

例6：

WaitDO do4,1；

仅在已设置 do4 输出后，继续执行程序。

例7：

WaitDO grip_status,0；

仅在已设置 grip_ status 输出后，继续执行程序。

5. 例行程序调用指令

ProcCall 指令

ProcCall 指令的含义：调用新无返回值程序。

ProcCall 指令的使用：用于将程序执行转移至另一个无返回值程序。当充分执行本无返回值程序后，程序执行将继续过程调用后的指令。

例1：
```
PROC main( )
…
pick1；
Set do1；
…
ENDPROC

PROC pick( )
TPWrite "ERROR"；
ENDPROC
```
调用 pick1 无返回值程序。当该无返回值程序就绪后，程序执行返回过程调用后的指令 Set do1。

例2：
对 Set、Reset、WaitDI 及 WaitTime 等指令进行综合应用，输入程序，运行并分析结果。
```
MODULE MainModule
PROC main( )
Routine1；
ENDPROC
PROC  Routine1( )
    WaitDI  di1 ,1；
    Set do1；
    WaitTime 1；
    Reset do1；
ENDPROC
ENDMODULE
```

6. 功能指令

（1）Abs 指令

Abs 指令的含义：获得绝对值。

Abs 指令的使用：用于获取绝对值，即数字数据的正值。

例1：
```
reg1：= Abs( reg2)；
```

将 reg1 指定为 reg2 的绝对值入。如果 reg2 为 -2，则 reg1 为 2。

（2）AND 指令

AND 指令的含义：评估一个逻辑值。

AND 指令的使用：用于评估两个条件表达式（真/假）。

例 2：

VAR num a；

VAR num b；

VAR bool c；

…

c：= a>5 AND b=3；

如果 a 大于 5，且 b 等于 3，则 c 的返回值为 TRUE；否则，返回值为 FALSE。

（3）NOT 指令

NOT 指令的含义：转化一个逻辑值。

NOT 指令的使用：用于转化一个逻辑值（真/假）的条件表达式。

例 3：

VAR bool mybool；

VAR bool youbool；

youbool：= NOT mybool；

如果 mybool 为 TRUE，则 youbool 为 FALSE；如果 mybool 为 FALSE，则 youbool 为 TRUE。

例 4：

VAR bool a；

VAR bool b；

VAR bool c；

…

c：= a AND NOT b；

如果 a 为 TRUE，且 b 为 FALSE，则返回值 c 为 TRUE。

（4）OR 指令

OR 指令的含义：评估一个逻辑值。

OR 指令的使用：用于评估一个逻辑值（真/假）的条件表达式。

例 5：

VAR num a；

VAR num b；

VAR bool c；

…

c：= a>5 OR b=3；

如果 a 大于 5，或 b 等于 3，则 c 的返回值为 TRUE；否则，返回值为 FALSE。

（5）Distance 指令

Distance 指令的含义：两点之间的距离。

Distance 指令的使用：用于获取两点之间的距离。

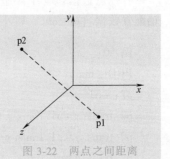

例 6：见图 3-22。

VAR num dist；

CONST pos p1：=[4,0,4]；

CONST pos p2：=[-4,4,4]；

…

dist：=Distance(p1,p2)；

图 3-22　两点之间距离

计算点 p1 与 p2 之间的距离，并将其存储在变量 dist 中。

（6）Sqrt 指令

Sqrt 指令的含义：计算平方根值。

Sqrt 指令的使用：用于计算平方根值。

例 7：

VAR num x_value；

VAR num y_value；

…

…

y_value：=Sqrt(x_value)；

y-value 将获得 x_ value 的平方根。

（7）Offs 指令

Offs 指令的含义：替换机械臂位置。

Offs 指令的使用：用于在一个机械臂位置的工件坐标系中添加一个偏移量。

工业机器人 Offs
偏移指令的应用

例 8：MoveL Offs(p2,0,0,10),v1000,z50,tool1；

将机械臂移动至 p2 点 Z 方向 10mm,X、Y 方向不变的新位置。

例 9：p2：=Offs (p1,5,10,15)；

MoveL　p2,v1000,z50,tool1；

机械臂位置 p1 沿 X 方向移动 5mm，沿 Y 方向移动 10mm，且沿 Z 方向移动 15mm。

偏移的另外一种使用情形：多数类型的程序数据均是组合型数据，包含了多项数值或字符串，可以对其中任何一项参数进行赋值。

PERS robtarget

p1：=[[374,0,630],[0. 707107,0,0. 707107,0],[0,0,0,0],[9E+09,9E+09,9E+09,9E+09,9E+09,9E+09]]；

目标点数据包含了四组数据，从前到后依次是 TCP 位置数据（trans）、姿态数据（rot）、轴配置数据（robconf）和外部轴数据（extax），可以分别对该数据的某项进行数值操作。

```
例 10：
PROC main( )
p2：= p1；
p2. trans. x＝p1. trans. x＋5；
p2. trans. y＝p1. trans. y＋10；
p2. trans. z＝p1. trans. z＋15；
ENDPROC
```

例 10 的执行结果和例 9 一致，只是采用了各个分量赋值的方式。

思考：见图 3-23，通过定义一个工件，指令可表明托盘位置和方位，如果行和列的间距是 50，试分析下其他托盘的位置。

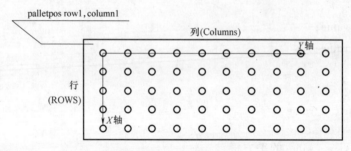

图 3-23　Offs 指令应用

7. TEST（CASE）指令

TEST（CASE）指令的含义：根据表达式的值执行不同指令。

TEST（CASE）指令的使用：根据表达式或数据的值，当有待执行不同的指令时，使用 TEST。

如果没有太多的替代选择，也可使用 IF…ELSE 指令。此指令常常用在码垛中，用来确定不同的放置位置。具体用法在后期机器人码垛搬运程序中将详细讲到。

TEST 指令
的应用

TEST（CASE）指令的具体应用示例如下。

```
例 1：
TEST reg1
CASE 1,2,3：
routine1；
CASE 4：
routine2；
DEFAULT：
TPWrite "Illegal choice"；
```

```
Stop;
ENDTEST
```

根据 reg1 的值，执行不同的指令。如果该值为 1、2 或 3 时，则执行 routine1；如果该值为 4，则执行 routine2；否则，打印出错误消息，并停止执行。

例 2：见图 3-24，要实现 8 个物体从一个位置搬运到另外一个位置。我们可以看到物体搬运的位置是 8 个，通过指令 CASE1，CASE2…不同的数值，进行搬运点的赋值。具体程序编写如下。

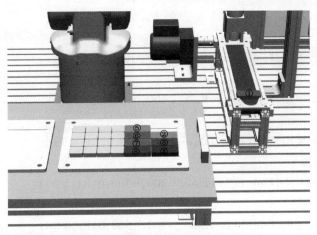

图 3-24　YL-1351A 型实训工作站物体搬运

```
PROC rPosition1
    TEST nCount1
    CASE 1:
        pPick: = Offs(pPickBase,0,0,0);
    CASE 2:
        pPick: = Offs(pPickBase,100,0,0);
    CASE 3:
        pPick: = Offs(pPickBase,200,0,0);
    CASE 4:
        pPick: = Offs(pPickBase,300,0,0);
    CASE 5:
        pPick: = Offs(pPickBase,0,-100,0);
    CASE 6:
        pPick: = Offs(pPickBase,100,-100,0);
    CASE 7:
        pPick: = Offs(pPickBase,200,-100,0);
    CASE 8:
        pPick: = Offs(pPickBase,300,-100,0);
```

```
    DEFAULT：
        Stop；
    ENDTEST
ENDPROC
```

例 3：工业机器人从传送链上抓取物体，进行码垛，放置时，工业机器人工具有时需要经过 90°的旋转，才能码放到合适的位置。具体程序编写如下。

```
PROC rPosition( )
    TEST nCount
    CASE 1：
        pPlace：=RelTool( pPlaceBase,0,0,0\Rz：=0)；
    CASE 2：
        pPlace：=RelTool( pPlaceBase,-600,0,0\Rz：=0)；
    CASE 3：
        pPlace：=RelTool( pPlaceBase,100,-500,0\Rz：=90)；
    CASE 4：
        pPlace：=RelTool( pPlaceBase,-300,-500,0\Rz：=90)；
    CASE 5：
        pPlace：=RelTool( pPlaceBase,-700,-500,0\Rz：=90)；
        ……

    DEFAULT：
        Stop；
    ENDTEST
ENDPROC
```

课后练习

利用本任务所学的循环指令或条件指令设计一个工业机器人重复工作的小程序，并进行上机实践。

项目评价

项目评价见表 3-18。

表 3-18　项目评价

序号	学习要求	学习评价				备注
		学会实操	掌握知识	仅仅了解	需再学习	
1	掌握 RAPID 程序的结构组成					
2	学会工业机器人运动指令的运用					
3	了解工业机器人程序数据的定义					

（续）

序号	学习要求	学习评价				备注
		学会实操	掌握知识	仅仅了解	需再学习	
4	学会工业机器人重要程序数据的建立					
5	学会工业机器人示教板零件的编程					
6	学会工业机器人常用指令的应用					

项目四

工业机器人硬件及通信基础

学习目标

> 了解 ABB 工业机器人 I/O 通信种类
> 能根据要求正确建立 ABB 工业机器人 I/O 通信
> 能正确进行 DSQC651 板的配置
> 了解工业机器人 Socket 通信

学习任务一　　工业机器人 I/O 通信与硬件

一、ABB 工业机器人 I/O 通信种类

I/O 通信与
硬件设备

ABB 工业机器人提供了丰富的 I/O 通信接口，如 ABB 的标准通信、与 PLC 的现场总线通信，还有与 PC 的数据通信，可以轻松地实现与周边设备的通信，具体通信类型见表 4-1。

表 4-1　ABB 工业机器人通信种类

数据通信	现场总线	ABB 标准
串口通信 Socket 通信 其他	Device Net PROFIBUS PROFIBUS-DP PROFINET EtherNet IP CCLink	标准 I/O 板 ABB PLC ....

关于 ABB 工业机器人的 I/O 通信接口的说明：

1）ABB 标准 I/O 板提供的常用信号处理有数字输入 DI、数字输出 DO、模拟输入 AI、模拟输出 AO 以及输送链跟踪，在本项目中会对此进行介绍。

2）ABB 工业机器人可以选配标准 ABB 的 PLC，省去了原来与外部 PLC 进行通信设置

的麻烦，并且在工业机器人示教器上就能实现与 PLC 相关的操作。

在本项目中，以最常用的 ABB 标准 I/O 板 DSQC651 和 PROFIBUS-DP 为例，对于如何进行相关的参数设定进行详细的讲解。

控制柜接口图见图 4-1。控制柜接口说明见表 4-2。

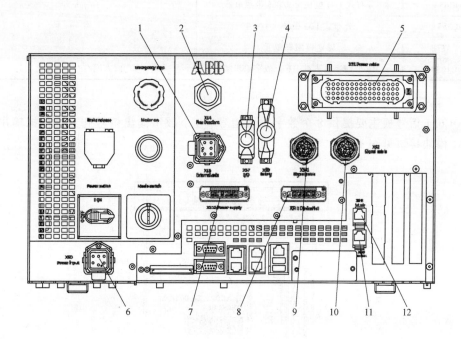

图 4-1 控制柜接口

表 4-2 控制柜接口说明

标号	说明	标号	说明
1	附加轴,电源电缆连接器	7	电源连接器
2	FlexPendant 连接器	8	DeviceNet 连接器
3	I/O 连接器	9、10	信号电缆连接器
4	安全连接器	11	轴选择器连接器
5	电源电缆连接器	12	附加轴,信号电缆连接器
6	电源输入连接器		

二、认识常用 ABB 工业机器人标准 I/O 板

常用 ABB 工业机器人标准 I/O 板见表 4-3。

表 4-3　常用的 ABB 工业机器人标准 I/O 板类型

型号	说明	总线
DSQC651	分布式 I/O 模块 di8/do8/ ao2	
DSQC652	分布式 I/O 模块 di16/do16	
DSQC653	分布式 I/O 模块 di8/do8 带继电器	DeviceNet
DSQC355A	分布式 I/O 模块 ai4/ao4	
DSQC377B	输送链跟踪单元	
DSQC1030	16 个数字输入端,16 个数字输出端	以太网/IP 通信协议

1. ABB 工业机器人标准 I/O 板 DSQC651

DSQC651 信号板主要提供 8 个数字输入信号、8 个数字输出信号和 2 个模拟输出信号。DSQC651 模块接口见图 4-2。

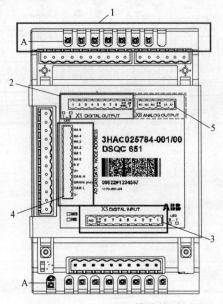

图 4-2　DSQC651 模块接口

1—LED 信号指示灯　2—数字量输出端口　3—数字量输入端口
4—DeviceNet 连接端口　5—模拟量输出接口

（1）X3 端子

X3 端子编号及定义见表 4-4。

表 4-4　X3 端子编号及定义

X3 端子编号	使用定义	地址分配
1	INPUT CH1	0
2	INPUT CH2	1
3	INPUT CH3	2
4	INPUT CH4	3
5	INPUT CH5	4

（续）

X3 端子编号	使用定义	地址分配
6	INPUT CH6	5
7	INPUT CH7	6
8	INPUT CH8	7
9	0V	
10	未使用	

说明：

1）DSQC651 信号板中输入端口占用一个字节，所以输入端口的地址有 8 位，对应的地址号则为 0~7。

2）输入电压范围：当电压在 15~35V 时，信号板的高电平触发，状态为 1；当电压在 -35~5V 时，信号板的高电平无法触发，状态为 0。DSQC651 数字量输入端口额定触发电压为 DC24V。

3）信号触发延迟。平均延迟为 5ms；最大延迟为 6ms；最小延迟为 4ms。

（2）X1 端子

X1 端子编号及定义见表 4-5。

表 4-5　X1 端子编号及定义

X1 端子编号	使用定义	地址分配
1	OUTPUT CH1	32
2	OUTPUT CH2	33
3	OUTPUT CH3	34
4	OUTPUT CH4	35
5	OUTPUT CH5	36
6	OUTPUT CH6	37
7	OUTPUT CH7	38
8	OUTPUT CH8	39
9	0V	
10	24V	

1）DSQC651 信号板中输出端口占用一字节，所以输出端口的地址有 8 位，但因为两个模拟量输出端口占用了 4 字节即 32 位的地址线，所以输出端口的 8 位地址线的起始地址为 32，地址范围为 32~39。

2）DSQC651 信号板中，额定的输出电压为 DC24V。

3）输出端口带线路保护，可防止线路误接。输入电压保护范围包括：信号触发电压为 15~35V；信号失效电压为 -35~5V。

4）信号触发延迟。平均延迟为 5ms。用 PLC 或其他信号控制时应考虑延迟因素。

（3）X5 端子（DeviceNet 接口）

X5 端子编号及定义见表 4-6。

表 4-6　X5 端子编号及定义

X5 端子编号	使用定义	X5 端子编号	使用定义
1	0V，黑色	7	模块 ID bit0（LSB）
2	CAN 信号线 low，蓝色	8	模块 ID bit1（LSB）
3	屏蔽线	9	模块 ID bit2（LSB）
4	CAN 信号线 high，白色	10	模块 ID bit3（LSB）
5	24V，红色	11	模块 ID bit4（LSB）
6	GND	12	模块 ID bit5（LSB）

（4）X6 端子

X6 端子编号及定义见表 4-7。

表 4-7　X6 端子编号及定义

X6 端子编号	使用定义	地址分配
1	未使用	
2	未使用	
3	未使用	
4	0V	
5	模拟输出端口 1 AO1	0~15
6	模拟输出端口 2 AO2	16~31

1）DSQC651 信号板中有两个模拟量输出端口 AO1、AO2。每个端口占用 2 字节，即每个模拟量输出端口占用 16 位，所以 AO1 对应的地址号为 0~15，AO2 对应的地址为 16~31。

2）DSQC651 信号板中，额定的输出电压为 DC0~10V。

3）DSQC651 信号板中模拟信号的分辨率为 12 位，所以能够反映该模拟量变化的最小单位则为 $1/2^{12}$。

2. ABB 工业机器人标准 I/O 板 DSQC652

DSQC652 板主要提供 16 个数字输入信号和 16 个数字输出信号。

（1）DSQC652 模块接口说明

DSQC652 模块接口见图 4-3，接口说明见表 4-8。

表 4-8　DSQC652 模块接口说明

标号	说明	标号	说明
1	数字输出信号指示灯	4	模块状态指示灯
2	X1、X2 是数字输出接口	5	X3、X4 是数字输入接口
3	X5 是 DeviceNet 接口	6	数字输入信号指示灯

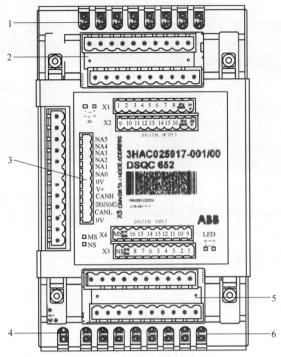

图 4-3　DSQC652 模块接口

（2）DSQC652 端子编号及定义

X1 端子编号及定义见表 4-9。

表 4-9　X1 端子编号及定义

X1 端子编号	使用定义	地址分配
1	OUTPUT CH1	0
2	OUTPUT CH2	1
3	OUTPUT CH3	2
4	OUTPUT CH4	3
5	OUTPUT CH5	4
6	OUTPUT CH6	5
7	OUTPUT CH7	6
8	OUTPUT CH8	7
9	0V	
10	24V	

X2 端子编号及定义见表 4-10。

表 4-10　X2 端子编号及定义

X2 端子编号	使用定义	地址分配
1	OUTPUT CH9	8
2	OUTPUT CH10	9

（续）

X2 端子编号	使用定义	地址分配
3	OUTPUT CH11	10
4	OUTPUT CH12	11
5	OUTPUT CH13	12
6	OUTPUT CH14	13
7	OUTPUT CH15	14
8	OUTPUT CH16	15
9	0V	
10	24V	

X3、X5 端子编号及定义同 DSQC651 板。

X4 端子编号及定义见表 4-11。

表 4-11　X4 端子编号及定义

X4 端子编号	使用定义	地址分配
1	INPUT CH9	8
2	INPUT CH10	9
3	INPUT CH11	10
4	INPUT CH12	11
5	INPUT CH13	12
6	INPUT CH14	13
7	INPUT CH15	14
8	INPUT CH16	15
9	0V	
10	24V	

3. ABB 工业机器人标准 I/O 板 DSQC653

DSQC653 板主要提供 8 个数字输入信号和 8 个数字继电器输出信号。

（1）DSQC653 模块接口说明

DSQC653 模块接口见图 4-4，接口说明见表 4-12。

表 4-12　DSQC653 模块接口说明

标号	说明	标号	说明
1	数字继电器输出信号指示灯	4	模块状态指示灯
2	X1 是数字继电器输出信号接口	5	X3 是数字输入信号接口
3	X5 是 DeviceNet 接口	6	数字输入信号指示灯

（2）DCQC653 端子编号及定义

X1 端子编号及定义见表 4-13。

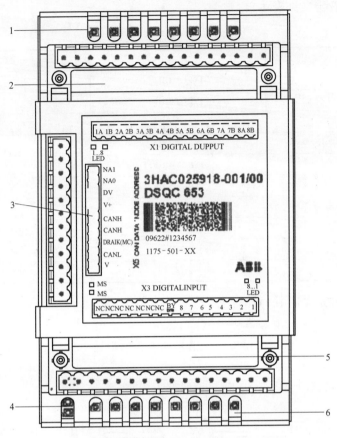

图 4-4　DSQC653 模块接口

表 4-13　X1 端子编号及定义

X1 端子编号	使用定义	地址分配
1	OUTPUT CH1A	0
2	OUTPUT CH1B	
3	OUTPUT CH2A	1
4	OUTPUT CH2B	
5	OUTPUT CH3A	2
6	OUTPUT CH3B	
7	OUTPUT CH4A	3
8	OUTPUT CH4B	
9	OUTPUT CH5A	4
10	OUTPUT CH5B	
11	OUTPUT CH6A	5
12	OUTPUT CH6B	
13	OUTPUT CH7A	6
14	OUTPUT CH7B	
15	OUTPUT CH8A	7
16	OUTPUT CH8B	

X3 端子编号及定义见表 4-14。

表 4-14　X3 端子编号及定义

X3 端子编号	使用定义	地址分配
1	INPUT CH1	0
2	INPUT CH2	1
3	INPUT CH3	2
4	INPUT CH4	3
5	INPUT CH5	4
6	INPUT CH6	5
7	INPUT CH7	6
8	INPUT CH8	7
9	0V	
10～16	未使用	

X5 端子编号及定义同 DSQC651 板。

4. ABB 工业机器人标准 I/O 板 DSQC355A

DSQC355A 板主要提供 4 个模拟输入信号和 4 个模拟输出信号。

（1）DSQC355A 模块接口说明

DSQC355A 模块接口见图 4-5，接口说明见表 4-15。

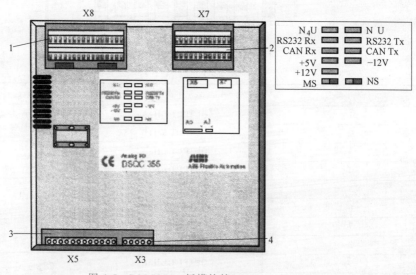

图 4-5　DSQC355A 板模块接口

表 4-15　DSQC355A 模块接口说明

标号	说明	标号	说明
1	X8 是模拟输入端口	3	X5 是 DeviceNet 接口
2	X7 是模拟输出端口	4	X3 是供电电源

（2）DSQC355A 端子编号及定义。

X3 端子编号及定义见表 4-16。

表 4-16 X3 端子编号及定义

X3 端子编号	使用定义	X3 端子编号	使用定义
1	0V	4	未使用
2	未使用	5	24V
3	接地		

X5 端子同 DSQC651 板。X7 端子编号及定义见表 4-17。

表 4-17 X7 端子编号及定义

X7 端子编号	使用定义	地址分配
1	模拟输出_1,−10V/10V	0~15
2	模拟输出_2,−10V/10V	16~31
3	模拟输出_3,−10V/10V	32~47
4	模拟输出_4,4~20mA	48~63
5~18	未使用	
19	模拟输出_1,0V	
20	模拟输出_2,0V	
21	模拟输出_3,0V	
22	模拟输出_4,0V	
23~24	未使用	

X8 端子编号及定义见表 4-18。

表 4-18 X8 端子编号及定义

X8 端子编号	使用定义	地址分配
1	模拟输入_1,−10V/10V	0~15
2	模拟输入_2,−10V/10V	16~31
3	模拟输入_3,−10V/10V	32~47
4	模拟输入_4,−10V/10V	48~63
5~16	未使用	
17~24	24V	
25	模拟输入_1,0V	
26	模拟输入_2,0V	
27	模拟输入_3,0V	
28	模拟输入_4,0V	
29~32	0V	

5. ABB 工业机器人标准 I/O 板 DSQC377A

DSQC377A 板主要提供工业机器人输送链跟踪功能所需的编码器与同步开关信号。

（1）DSQC377A 模块接口说明

DSQC377A 模块接口说明见图 4-6，接口说明见表 4-19。

表 4-19　DSQC377A 模块接口说明

标号	说明	标号	说明
1	X20 是编码器与同步开关的端子	3	X3 是供电电源
2	X5 是 DeviceNet 接口		

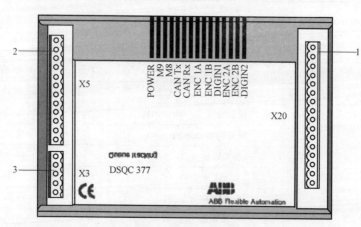

图 4-6　DSQC377A 模块接口

（2）端子编号及定义

X3 端子同 DSQC355A 板。X5 端子同 DSQC651 板。X20 端子编号及定义见表 4-20。

表 4-20　X20 端子编号及定义

X20 端子编号	使用定义	X20 端子编号	使用定义
1	24V	6	编码器 1,B 相
2	0V	7	数字输入信号 1,24V
3	编码器 1,24V	8	数字输入信号 1,0V
4	编码器 1,0V	9	数字输入信号 1,信号
5	编码器 1,A 相	10～16	未使用

三、ABB 工业机器人 I/O 通信设置

ABB 工业机器人标准 I/O 板（例如：DSQC651、DSQC652 等）是挂在主计算机 DeviceNet 总线下的，DSQC1030 系列的 I/O 板卡则挂在以太网/IP 通信协议总线下，见图 4-7。这里以最为常见的 DSQC651 为例来进行学习。

ABB 工业机器人标准 I/O（如 DSQC651）板是挂在 DeviceNet 总线上的，所以需要设定模块在网络中的地址，见图 4-8。端子 X5 的跳线 6～12 用来决定模块的地址，见表 4-6。地址可用范围为 10～63，地址 0～9 已经被工业机器人系统占用。

如果想要获得地址 10，可将第 8 脚和第 10 脚的跳线剪去，见图 4-9，即 2+8＝10。

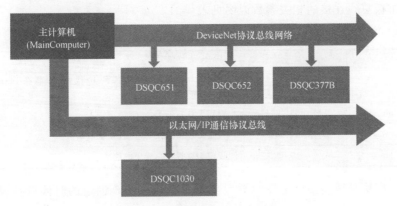

图 4-7 工业机器人 I/O 通信示意图

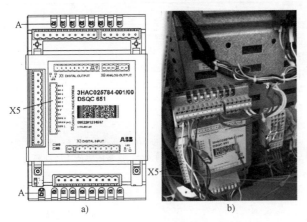

图 4-8 与 Device Net 接口连接的 X5 端子
a）示意图 b）实物图

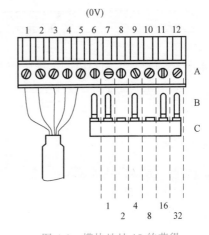

图 4-9 模块地址 10 的获得

课后练习

1. 如何确定 ABB 工业机器人 I/O 板在系统中的地址？

2. 常用的 ABB 工业机器人标准 I/O 板有哪些？哪些提供模拟接口模块？哪些提供数字接口模块？哪些既有数字接口模块，又有模拟接口模块？

学习任务二　ABB 工业机器人标准 I/O 板——DSQC651 板的配置

ABB 工业机器人标准 I/O 板 DSQC651 是最为常用的模块，下面以创建数字输入信号 Di、数字输出信号 Do、组输入信号 Gi、组输出信号 Go 和模拟输出信号 Ao 为例进行详细的介绍。

1. 定义 DSQC651 板的总线连接

ABB 工业机器人标准 I/O 板都是下挂在 DeviceNet 现场总线下的，通过 X5 端口与 DeviceNet 现场总线进行通信。

DSQC651 板总线连接的相关参数说明见表 4-21。

表 4-21　DSQC651 板总线连接的相关参数说明

参数名称	设定值	说　明
Name	board10	设定 I/O 板在系统中的名字,10 代表 I/O 板在 DeviceNet 总线上的地址,方便在系统中识别
Type of Unit	d651	设定 I/O 板的类型
Connected to Bus	DeviceNet	设定 I/O 板连接的总线(系统默认值)
DeviceNet Address	10	设定 I/O 板在总线中的地址

DSQC651 模块总线连接可选择的类型在工业机器人系统创建的时候进行设定,具体步骤见表 4-22。

表 4-22　总线连接操作步骤

图　　示	说　　明
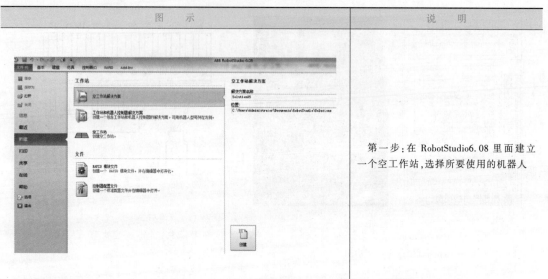	第一步:在 RobotStudio6.08 里面建立一个空工作站,选择所要使用的机器人
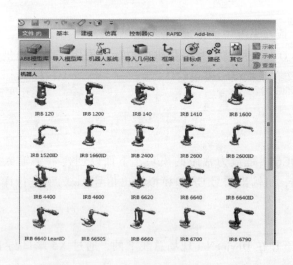	第二步:从"ABB 模型库"中添加一个机器人,以 IRB1410 为例,选择"IRB1410"

（续）

图 示	说 明
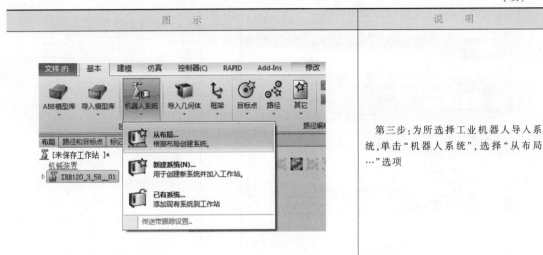	第三步：为所选择工业机器人导入系统，单击"机器人系统"，选择"从布局…"选项
	第四步：在弹出界面中选择默认的RobotWare6.08，单击"下一个"
	第五步：在弹出界面中单击"下一个"

（续）

图　示	说　明
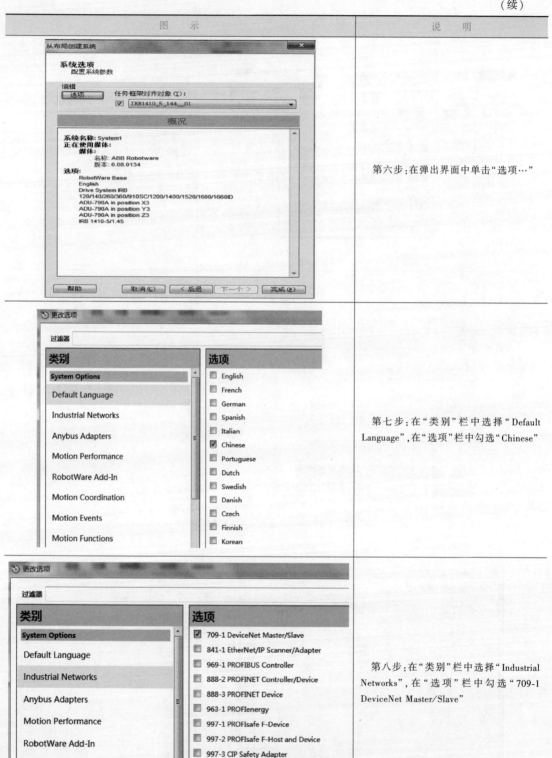	第六步：在弹出界面中单击"选项…"
	第七步：在"类别"栏中选择"Default Language"，在"选项"栏中勾选"Chinese"
	第八步：在"类别"栏中选择"Industrial Networks"，在"选项"栏中勾选"709-1 DeviceNet Master/Slave"

（续）

图　　示	说　　明
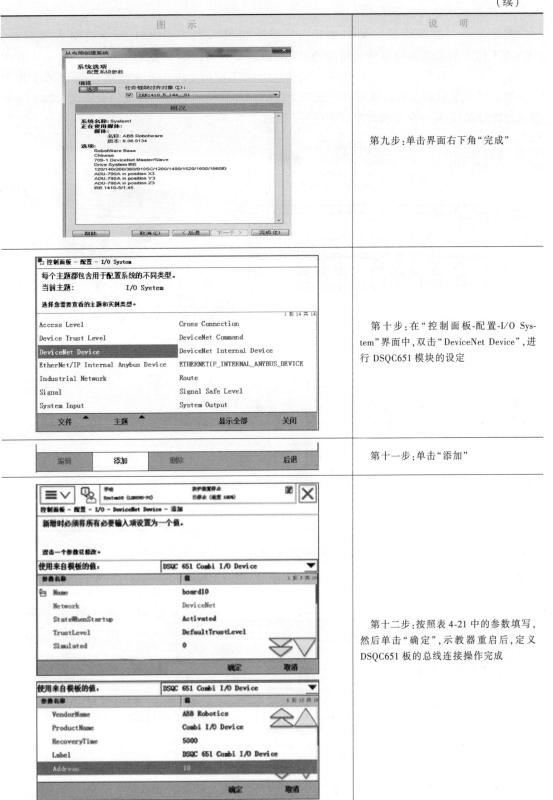	第九步:单击界面右下角"完成"
	第十步:在"控制面板-配置-I/O System"界面中,双击"DeviceNet Device",进行 DSQC651 模块的设定
	第十一步:单击"添加"
	第十二步:按照表 4-21 中的参数填写,然后单击"确定",示教器重启后,定义 DSQC651 板的总线连接操作完成

2. 定义数字输入信号 Di1

此处以一个按钮为例，见图 4-10。当将按钮接入到 DSQC651 板卡的输入端口时，DSQC651 板卡的公共端将与开关电源的 0V 相连。由任务一我们知道 DSQC651 板卡是 PNP 型板卡，高电位有效，所以将按钮的一端接入开关电源的 24V，另一端接入 DSQC651 板卡输入端的第一个引脚。此时就可以形成一个完整的外部控制电路，当按钮触发时，24V 电源接入，DSQC651 板卡输入端即可收到信号。

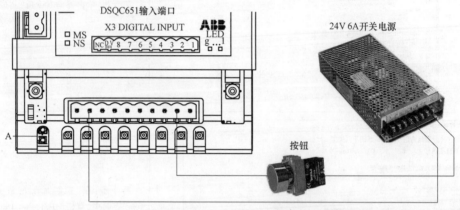

图 4-10   DSQC651 输入端口连接

数字输入信号 Di1 的相关参数见表 4-23。

表 4-23   数字输入信号 Di1 的相关参数

参数名称	设定值	说明
Name	di1	设定数字输入信号的名字
Type of Signal	Digital Input	设定信号的类型
Assigned to Device	board10	设定信号所在的 I/O 模块
Device Mapping	0	设定信号所占用的地址

定义数字输入信号 Di1 的操作步骤见表 4-24。

表 4-24   定义数字输入信号 Di1 的操作步骤

图　　示	说　　明
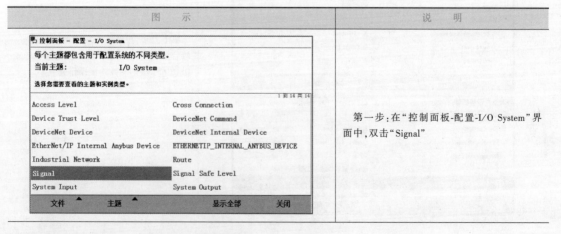	第一步：在"控制面板-配置-I/O System"界面中，双击"Signal"

（续）

图　示	说　明
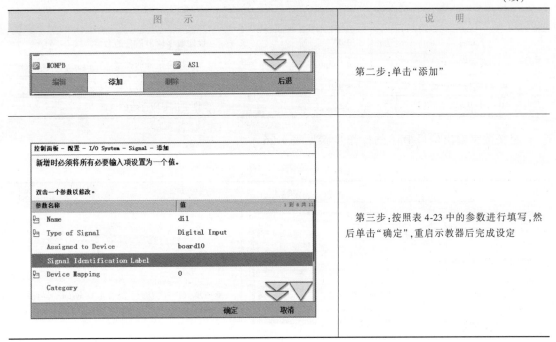	第二步：单击"添加"
	第三步：按照表4-23中的参数进行填写，然后单击"确定"，重启示教器后完成设定

3. 定义数字输出信号 Do1

这里以一个 24V 信号灯为例，见图 4-11。当将信号灯接入到 DSQC651 板卡的输出端口时，因为 DSQC651 板卡是 PNP 型板卡，输出端口高电位有效，所以将信号灯的 24V 端口接入 DSQC651 板卡的输出端口的第一引脚，信号灯的 0V 接入开关电源的 0V 端，此时就可以形成一个完整的电路，当 DSQC651 板卡第一引脚对外输出信号时，24V 电源接入，信号灯就被点亮了。

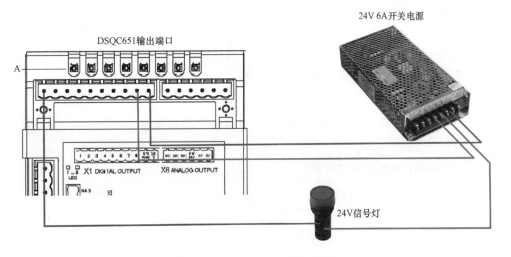

图 4-11　DSQC651 输入端口连接

数字输出信号 Do1 的相关参数见表 4-25。

表 4-25　数字输出信号 Do1 的相关参数

参数名称	设定值	说　明
Name	do1	设定数字输出信号的名字
Type of Signal	Digital Output	设定信号的类型
Assigned to Device	board10	设定信号所在的 I/O 模块
Device Mapping	32	设定信号所占用的地址

定义数字输出信号 Do1 的操作步骤见表 4-26。

表 4-26　定义数字输出信号 Do1 的操作步骤

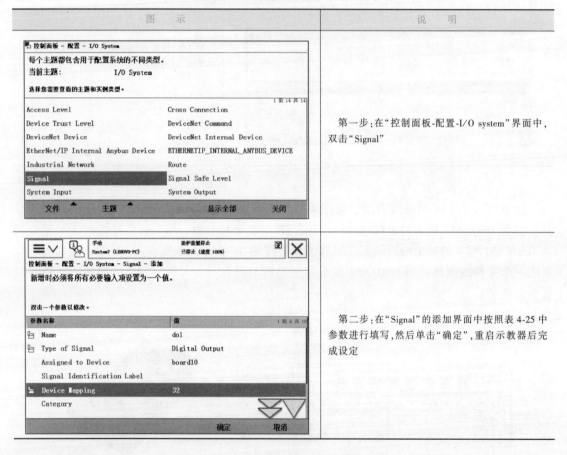

图　示	说　明
	第一步：在"控制面板-配置-I/O system"界面中，双击"Signal"
	第二步：在"Signal"的添加界面中按照表 4-25 中参数进行填写，然后单击"确定"，重启示教器后完成设定

4. 定义组输入信号 Gi1

组输入信号 Gi1 的相关参数及状态见表 4-27 及表 4-28。

表 4-27　组输入信号 Gi1 的相关参数

参数名称	设定值	说　明
Name	gi1	设定组输入信号的名字
Type of Signal	Group Input	设定信号的类型
Assigned to Device	board10	设定信号所在的 I/O 模块
Device Mapping	1~4	设定信号所占用的地址

表 4-28　组输入信号 Gi1 的状态

| 状态 | 地址 1 | 地址 2 | 地址 3 | 地址 4 | 十进制数 |
	1	2	4	8	
状态 1	0	1	0	1	2+8=10
状态 2	1	0	1	1	1+4+8=13

组输入信号就是将几个数字输入信号组合起来使用，用于接收外围设备输入的 BCD 编码的十进制数。

Gi1 占用地址 1~4 共 4 位，可以代表十进制数 0~15。依此类推，如果占用地址为 5 位的话，可以代表十进制数 0~31。

定义组输入信号 Gi1 的操作步骤见表 4-29。

表 4-29　定义组输入信号 Gi1 的操作步骤

图　示	说　明
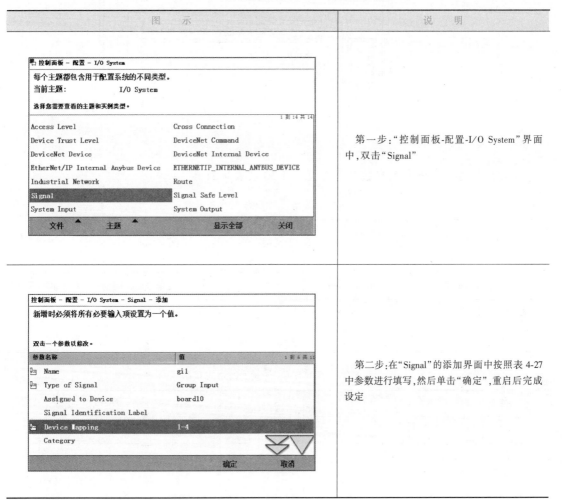	第一步："控制面板-配置-I/O System"界面中，双击"Signal"
	第二步：在"Signal"的添加界面中按照表 4-27 中参数进行填写，然后单击"确定"，重启后完成设定

5. 定义组输出信号 Go1

组输出信号就是将多个数字量输出信号组成一组进行使用，这样可以同时控制多个信号进行输出，提高了效率及可控性。例如，将 DSQC651 板卡的 5、6、7、8 四个数字量输出端口组成一组，见图 4-12，将这一组信号命名为一个组信号 Go1。此时当将 Go1 的值设定为 5 时，计算机将会把十进制的"5"转变成二进制的"0101"，所以 DSQC651 板卡的 6、8 引号脚将会同时对外输出信号，5、7 号脚则不输出。

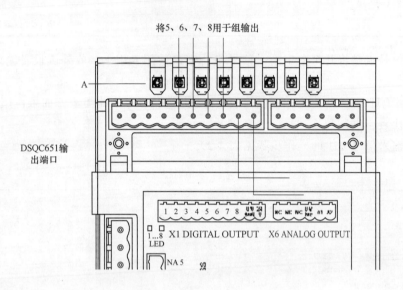

图 4-12 组输出信号的连接

组输出信号 Go1 的相关参数及状态见表 4-30 及表 4-31。

表 4-30 组输出信号 Go1 的相关参数

参数名称	设定值	说　明
Name	go1	设定组输出信号的名字
Type of Signal	Group Output	设定信号的类型
Assigned to Device	board10	设定信号所在的 I/O 模块
Device Mapping	33~36	设定信号所占用的地址

表 4-31 组输出信号 Go1 的相关状态

状态	地址 33	地址 34	地址 35	地址 36	十进制数
	1	2	4	8	
状态 1	0	1	0	1	2+8 = 10
状态 2	1	0	1	1	1+4+8 = 13

Go1 占用地址 33~36 共 4 位，可以代表十进制数 0~15。依此类推，如果占用地址为 5 位的话，可以代表十进制数 0~31。定义组输出信号 Go1 的操作步骤见表 4-32。

表 4-32　定义组输出信号 Go1 的操作步骤

图　　示	说　　明
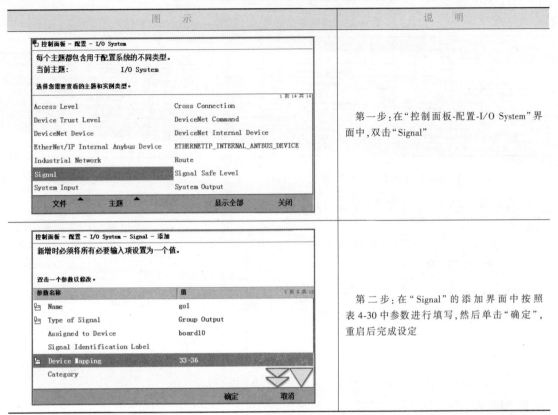	第一步：在"控制面板-配置-I/O System"界面中，双击"Signal"
	第二步：在"Signal"的添加界面中按照表 4-30 中参数进行填写，然后单击"确定"，重启后完成设定

6. 定义模拟输出信号 Ao1

DSQC651 板卡具备了两个模拟量输出接口 Ao1、Ao2，见图 4-13。X6 端子前三个端口并未使用，第四个端口为 0V 公共端，第五个端口为 Ao1 输出端，第六个端口为 Ao2 输出端。可以利用这两个模拟量输出端口在焊接应用中分别控制焊接电压与焊接电流。根据任务一所学的知识，Ao1 地址范围为 0~15（占 2 字节）Ao2 地址范围为 16~31（占 2 字节）。

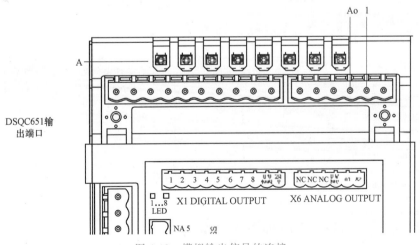

图 4-13　模拟输出信号的连接

模拟输出信号 Ao1 的相关参数见表 4-33。

表 4-33　模拟输出信号 Ao1 的相关参数

参数名称	设定值	说　　明
Name	ao1	设定模拟输出信号的名字
Type of Signal	Analog Output	设定信号的类型
Assigned to Device	board10	设定信号所在的 I/O 模块
Device Mapping	0~15	设定信号所占用的地址
Analog Encoding Type	Unsigned	设定模拟信号属性
Maximum Logical Value	10	设定最大逻辑值
Maximum Physical Value	10	设定最大物理值
Maximum Bit Value	65535	设定最大位值

定义模拟输出信号 Ao1 的操作步骤见表 4-34。

表 4-34　定义模拟输出信号 Ao1 的操作步骤

图　　示	说　　明
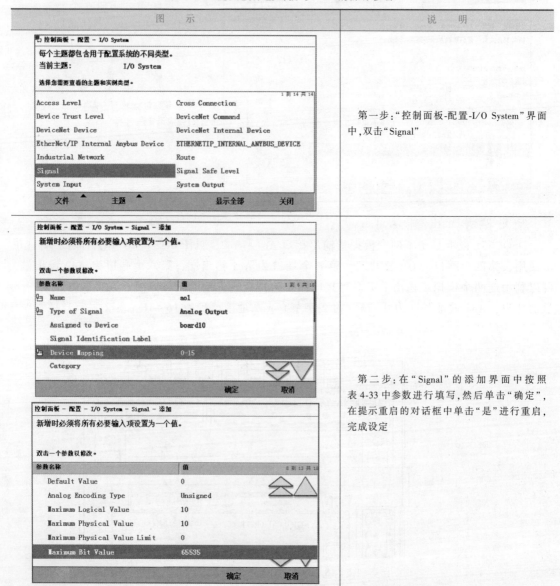	第一步："控制面板-配置-I/O System"界面中,双击"Signal" 第二步:在"Signal"的添加界面中按照表 4-33 中参数进行填写,然后单击"确定",在提示重启的对话框中单击"是"进行重启,完成设定

课后练习

分别在 ABB 工业机器人系统上定义一个数字输入信号和一个模拟输出信号。

学习任务三　　I/O 信号监控与操作

1. 打开"输入输出"界面

打开"输入输出"界面步骤见表 4-35。

表 4-35　打开"输入输出"界面步骤

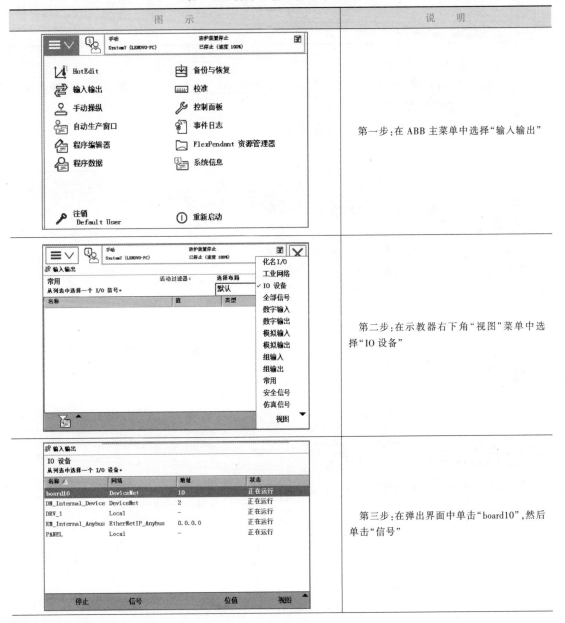

图　　示	说　　明
	第一步：在 ABB 主菜单中选择"输入输出"
	第二步：在示教器右下角"视图"菜单中选择"IO 设备"
	第三步：在弹出界面中单击"board10"，然后单击"信号"

（续）

图　　示	说　　明
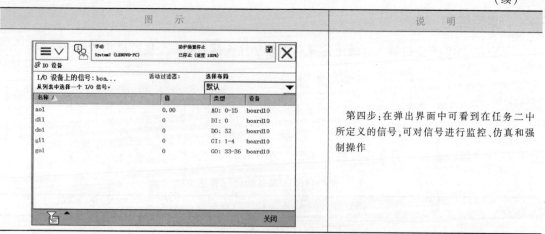	第四步:在弹出界面中可看到在任务二中所定义的信号,可对信号进行监控、仿真和强制操作

2. 对 I/O 信号进行仿真和强制操作

通常可以对 I/O 信号的状态或数值进行仿真和强制操作, 方便对工业机器人的调试和检修。

（1）对 di1 进行仿真操作

对 di1 进行仿真的具体操作步骤见表 4-36。

表 4-36　对 di1 进行仿真的操作步骤

图　　示	说　　明
	第一步:在界面上选中"di1",然后单击"仿真"
	第二步:开始进行仿真

（续）

图　示	说　明
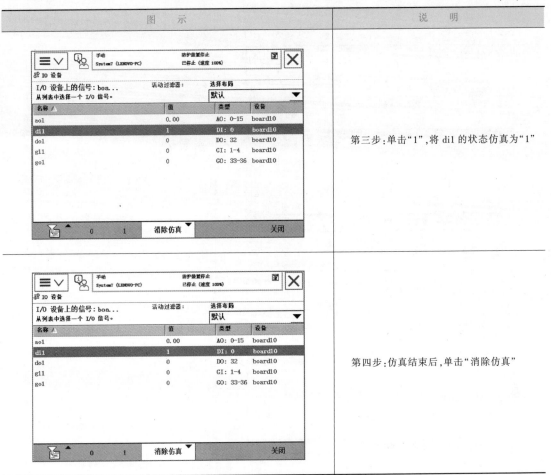	第三步：单击"1"，将 di1 的状态仿真为"1" 第四步：仿真结束后，单击"消除仿真"

（2）对 do1 进行强制操作

对 do1 进行强制操作的具体步骤见表 4-37。

表 4-37　对 do1 进行强制操作的步骤

图　示	说　明
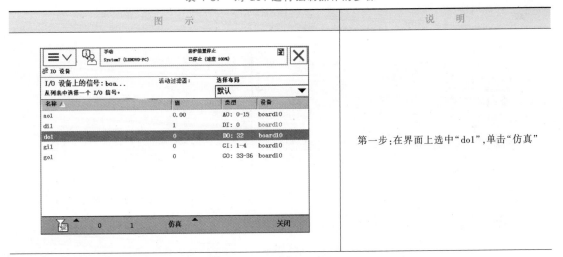	第一步：在界面上选中"do1"，单击"仿真"

（续）

图　示	说　明
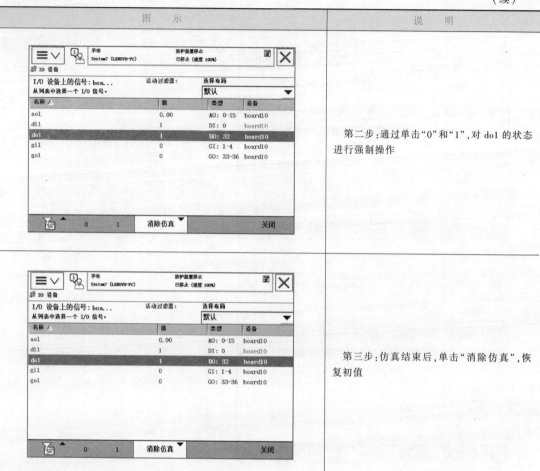	第二步：通过单击"0"和"1"，对 do1 的状态进行强制操作 第三步：仿真结束后，单击"消除仿真"，恢复初值

（3）对 gi1 进行仿真操作

对 gi1 进行仿真的具体操作步骤见表 4-38。

表 4-38　对 gi1 进行仿真的操作步骤

图　示	说　明
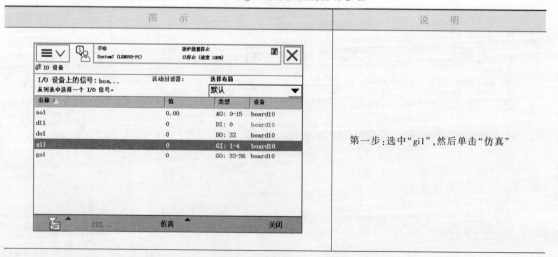	第一步：选中"gi1"，然后单击"仿真"

（续）

图　示	说　明
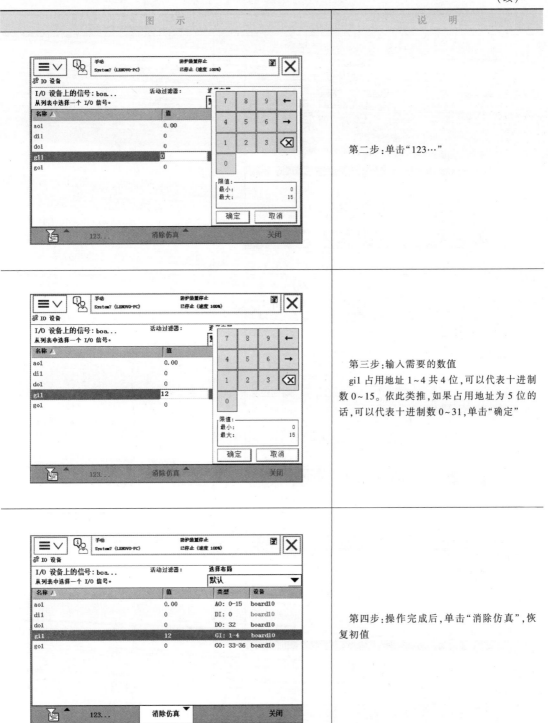	第二步：单击"123…"
	第三步：输入需要的数值 　gi1 占用地址 1~4 共 4 位，可以代表十进制数 0~15。依此类推，如果占用地址为 5 位的话，可以代表十进制数 0~31，单击"确定"
	第四步：操作完成后，单击"消除仿真"，恢复初值

（4）对 go1 进行强制操作

对 go1 进行强制操作的具体步骤见表 4-39。

表 4-39　对 go1 进行强制操作的步骤

图　　示	说　　明
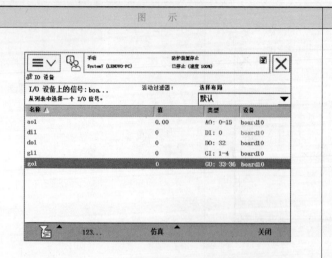	第一步:选中"go1",然后单击"123…"
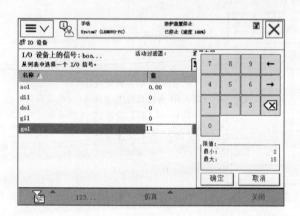	第二步:输入需要的数值,然后单击"确定"
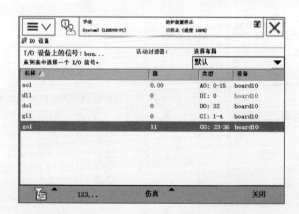	第三步:界面显示为 go1 的强制值

（5）对 ao1 进行强制操作

对 ao1 进行强制操作的具体步骤见表 4-40。

表 4-40　对 ao1 进行强制操作的步骤

图　示	说　明
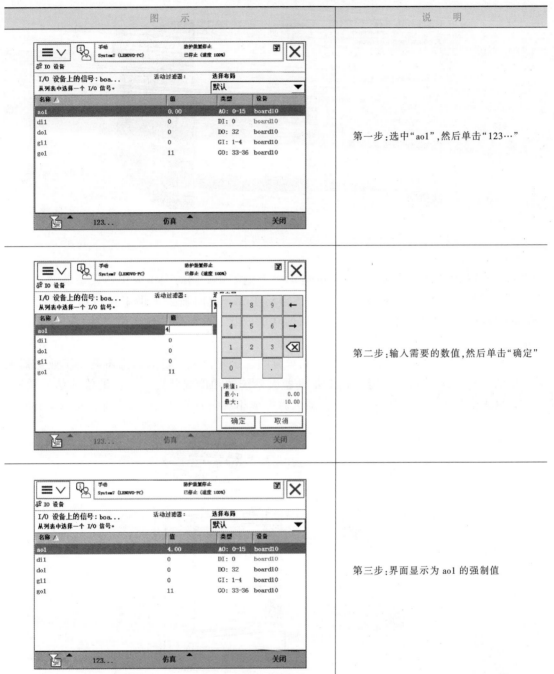	第一步:选中"ao1",然后单击"123…"
	第二步:输入需要的数值,然后单击"确定"
	第三步:界面显示为 ao1 的强制值

3. 系统输入/输出与 I/O 信号的关联

当建立好工业机器人的输入输出信号后,就可以利用创建好的信号控制或接收外部装置的动作或命令。如果上位机是 PLC,如何通过 PLC 来控制工业机器人的电动机起动或停止呢? 这时就需要将控制信号与工业机器人系统输入输出功能相连接,也就要用到工业机器人系统配置中

系统功能与
信号的关联

135

的"System Input"与"System Output",见图 4-14。

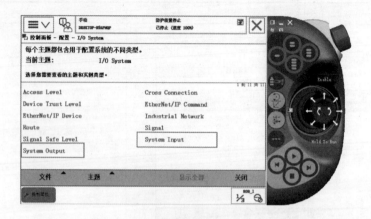

图 4-14 系统输入/输出与 I/O 信号的关联

如需要用 PLC 远程控制工业机器人电动机上电工作,同时当工业机器人端呈"自动状态"时,需要将"状态"通过 I/O 信号传递给 PLC。此时需要借助工业机器人系统中的"System Output"功能,将工业机器人系统的功能或状态与对应的输出信号并联,一旦事件触发,则对应关联的信号将触发。

如果上位机 PLC 需要工业机器人完成对应的系统功能或事件时,则需利用工业机器人系统中的"System Input"功能,将工业机器人系统的功能或状态与对应的输入信号关联,一旦该输入信号被上位机触发,工业机器人就完成相对应的系统功能或事件,见图 4-15。

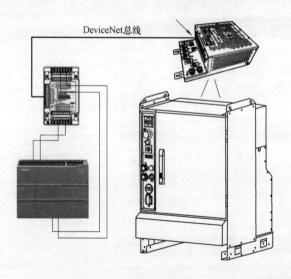

图 4-15 PLC 和工业机器人 I/O 信号的连接

下面介绍建立系统输入/输出与 I/O 信号关联的操作步骤。
(1) 建立系统输入"电动机起动"与数字输入信号 di1 的关联
具体操作步骤见表 4-41。

表 4-41　系统输入"电动机起动"与数字输入信号 di1 的关联操作步骤

图　　示	说　　明
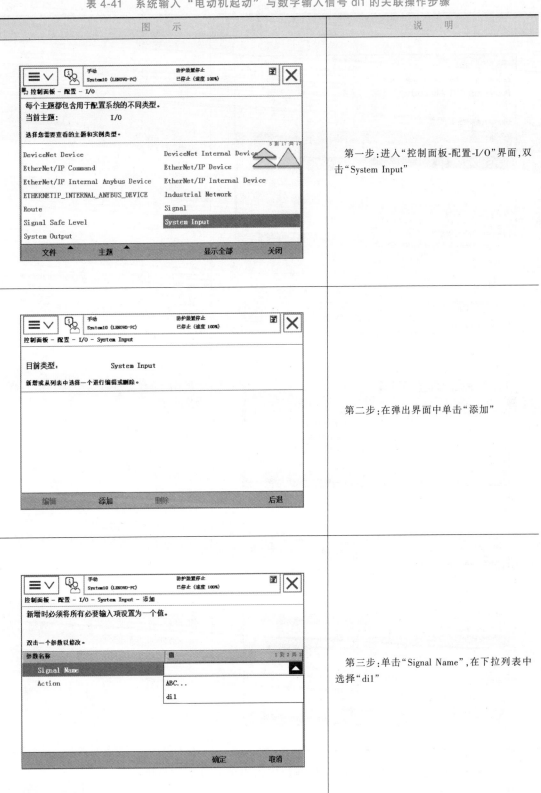	第一步:进入"控制面板-配置-I/O"界面,双击"System Input"
	第二步:在弹出界面中单击"添加"
	第三步:单击"Signal Name",在下拉列表中选择"di1"

（续）

图 示	说 明
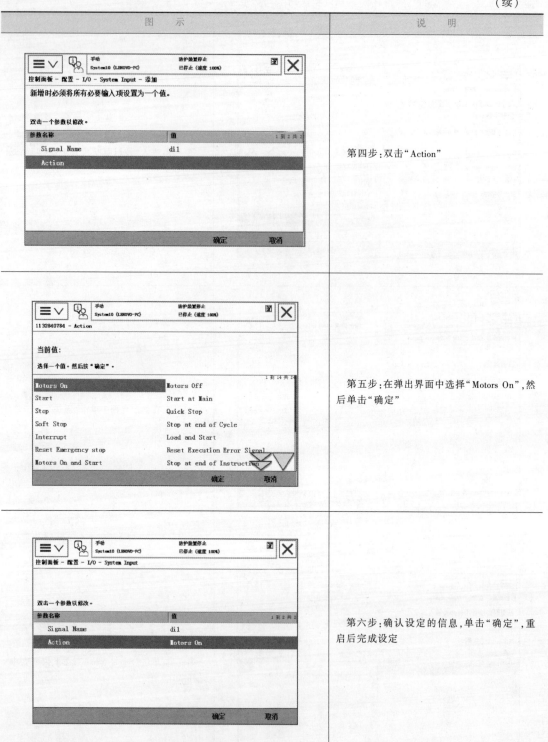	第四步：双击"Action"
	第五步：在弹出界面中选择"Motors On"，然后单击"确定"
	第六步：确认设定的信息，单击"确定"，重启后完成设定

（2）建立系统输出"电动机起动"与数字输出信号 do1 的关联

具体操作步骤见表 4-42。

表 4-42 系统输出"电动机起动"与数字输出信号 do1 的关联操作步骤

图　　示	说　　明
	第一步:进入"控制面板-配置-I/O"界面,双击"System Output"
	第二步:在弹出界面中单击"添加"
	第三步:单击"Signal Name",在下拉列表中选择"do1"

（续）

图　　示	说　　明
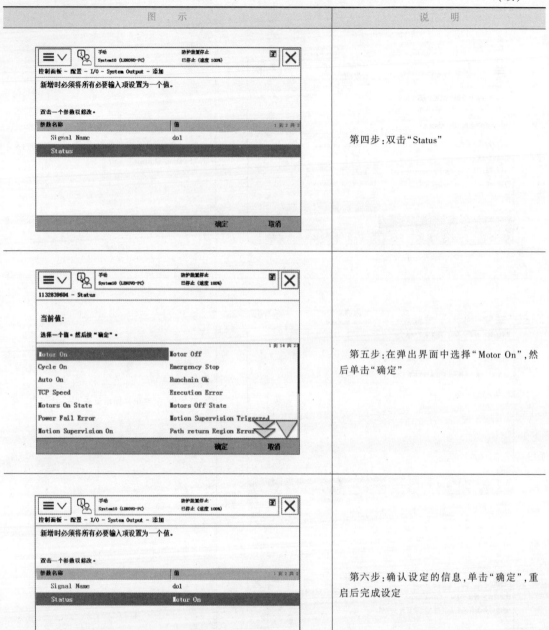	第四步：双击"Status" 第五步：在弹出界面中选择"Motor On"，然后单击"确定" 第六步：确认设定的信息，单击"确定"，重启后完成设定

课后练习

利用示教器建立数字输出信号 do1，并将 do1 和系统输出中的"电动机起动"关联在一起。

学习任务四　工业机器人 Socket 通信

1. Socket 通信概述

（1）Socket 的定义

Socket 的原意是"插座"，在计算机通信领域，Socket 被翻译为"套接字"，它是计算机之间进行通信的一种约定或一种方式。通过 Socket 这种约定，一台计算机可以接收其他计算机的字符串数据，也可以向其他计算机发送字符串数据。机器人控制柜和照相机之间的 Socket 通信见图 4-16。

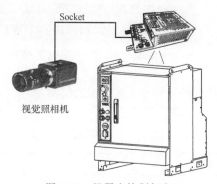

图 4-16　机器人控制柜和照相机之间的 Socket 通信

以一个电话网为例，通话双方相当于相互通信的两个进程，区号是它的网络地址；区内一个单位的交换机相当于一台主机，主机分配给每个用户的局内号码相当于 Socket 号。任何用户在通话之前，首先要占有一部电话机，相当于申请一个 Socket；同时要知道对方的号码，相当于对方有一个固定的 Socket。然后向对方拨号呼叫，相当于发出连接请求（假如对方不在同一区内，还要拨对方区号，相当于给出网络地址）。对方电话处于空闲（相当于通信的另一主机开机且可以接受连接请求）状态，则对方拿起电话话筒双方就可以正式通话了，相当于连接成功。

（2）Socket 通信服务器及客户端的建立

Socket 通信的目的是允许 RAPID 编程人员运用 TCP/IP 在计算机之间发送数据。一个 Socket 代表了一个普通的通信信道，独立于被运用的网络通信协议。

Socket 通信是一个标准，通过 Socket 通信一台机器人控制器内的 RAPID 程序可以和在另一台计算机上的程序进行通信。要使用 Socket 通信需要拥有 RobotWare 系统，并配置选项 616-1 PC-interface。Socket 通信分为服务器端和客户端，两种类型在 RAPID 程序中建立通信的过程比较类似，在实际调用函数时略有区别。Socket 通信服务器端和客户端的建立过程见图 4-17。

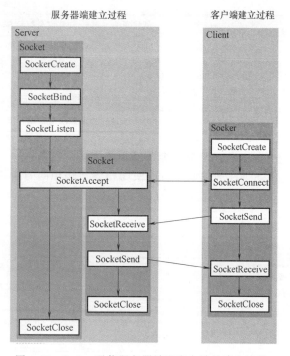

图 4-17　Socket 通信服务器端和客户端的建立过程

Socket 作为服务器端建立的方法：

1）创建一个 Socket，包括一个 Client 和一个 Server。工业机器人可以作为客户端或者服务器端，这里我们创建一个服务器端通信。

2）通过 SocketBind 和 SocketListen 指令在服务器上绑定和监听一个指定的 IP 地址和端口号。

3）通过 SocketAccept 指令让服务器端去接收即将到来的 Socket 连接需求。

4）从客户端请求 Socket 连接。

5）在客户端和服务器端之间发送和接收数据。

Socket 作为客户端建立的方法：

1）同理，这里我们创建一个客户端通信。

2）通过 SocketConnect 指令连接服务器端的 Socket 通信信道。

3）在客户端和服务器端之间发送和接收数据。

（3）Socket 客户端通信指令

Socket 客户端通信常用的数据类型包括两个，见表 4-43，其常用的指令见表 4-44。

表 4-43　Socket 通信常用的数据类型

数据类型	说　　明
Socketdev	用于与网络上其他计算机通信的 Socket 装置
Socketstatus	可以包含来自 Socketdev 参数的状态信息

表 4-44　Socket 客户端通信常用的指令

Socket 指令	说　　明
SocketCreate	创建新的 Socket，并将它分配给 Socketdev 参数
Socketstatus	对一台远程计算机发送连接请求，用于客户端与服务器端的连接
SocketSend	通过 SocketConnect 发送数据给一台远程计算机，这些数据可以是 string\rawbytes 参数或者 byte 数组
SocketReceive	接收数据，并将它存储进 string\rawbytes 参数或者 byte 数组中
SocketClose	关闭 Socket 并清除所有数据

（4）Socket 服务器端通信指令

Socket 通信服务器端使用和客户端相同的指令，除了 SocketConnect，服务器端还使用以下的指令，见表 4-45。

表 4-45　Socket 服务器端通信常用的指令

Socket 指令	说　　明
SocketBind	将 Socket 约束到服务器端的指定端口号。通过服务器端去定义在哪个端口去接收这个连接信号。IP 地址定义了一个物理计算机，并且端口号定义了在那台计算机上的程序的逻辑通道
SocketListen	使计算机作为服务器端，并且接收即将到来的连接信号。监听连接信号再由 SocketBind 约束到指定端口
SocketSend	通过 SocketSend 去发送数据给一台远程计算机。这些数据可以是 string\rawbytes 参数或者一个 byte 数组
SocketAccept	接收即将到来的连接请求。用于服务器端去接收客户端的请求，服务器端必须先于客户端被启用，即 SocketAccept 指令需要在 SocketConnect 之前被执行

（5）Socket 工业机器人通信设置过程，见表 4-46。

表 4-46　Socket 工业机器人通信设置过程

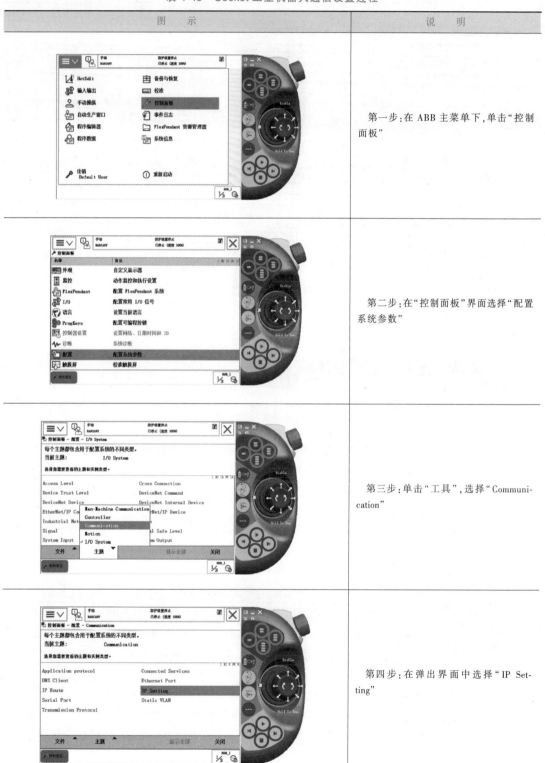

图　　示	说　　明
	第一步：在 ABB 主菜单下，单击"控制面板"
	第二步：在"控制面板"界面选择"配置系统参数"
	第三步：单击"工具"，选择"Communication"
	第四步：在弹出界面中选择"IP Setting"

（续）

图 示	说 明
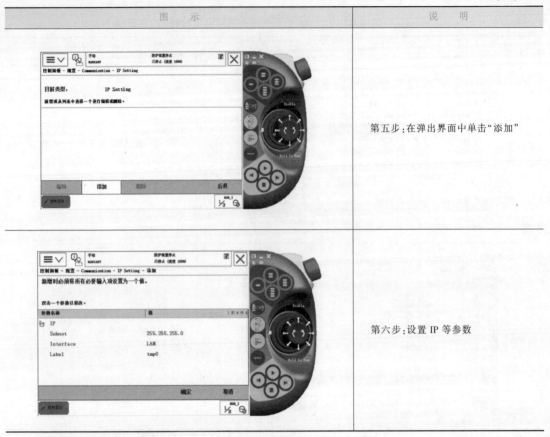	第五步：在弹出界面中单击"添加"
	第六步：设置 IP 等参数

2. Socket 通信应用实例

例如，现有一台工业视觉照相机，利用 Socket 通信将照相机和工业机器人相连接。任意角度旋转待检测物体后，照相机拍照即可识别出物体的位置，视觉照相机通过 Socket 将被检测物体的位置发送至工业机器人，工业机器人即可根据发送过来的数据完成对被检测物体的上表面轮廓的"描边"运动。

进行 Socket 通信程序的编写，将照相机作为客户端，工业机器人读取照相机的数据，进行判断后执行不同的动作。

程序编写如下：

```
PROC rCCD(   )
PERS   Num   CCD;
PERS   string   String1;
VAR   socketdev   socket1;
PERS   string   ret;
SocketClose socket1;        //该条指令是利用 SocketClose 指令将系统中打开的 Socket 通
                            信通道关闭，以避免后续通道重复开启，起到初始化作用
SocketCreate socket1;       //该条指令利用 SocketCreate 来打开 Socket1 通信通道
```

SocketConnect socket1 ," 192. 168. 100. 101" ,3010\time: = 3300;

　　//该条指令利用 SocketConnect 指令来与远程设备进行连接,具体为,通过 socket1 通道与 IP 地址为 192. 168. 100. 101、端口号为 3010 的远程设备进行连接,最长时间为 3300ms

SocketReceive socket1\Str: = "SCEGROUP 0";

　　//从 SCEGROUP0 获取信息,在照相机界面中,场景组 0 中建立有场景 SCENE0(二维码检测)、场景 SCENE1(红绿颜色检测)

WaitTime 0. 5;　　　　　　　　　　//等待 0.5s

IF ccd = 1 THEN　　　　　　　　　//ccd = 1 时,是二维码检测

SocketSend socket1\Str: = "SCENE 0";　　//调用 SCENE0 二维码检测功能

ELSEIF　ccd = 2 or　ccd = 3　THEN　　//ccd = 2 或 ccd = 3 是红绿颜色检测

SocketSend socket1\Str: = "SCENE 1";　　//调用 SCENE1 颜色检测功能

ENDIF

WaitTime 0. 5;　　　　　　　　　　//等待 0.5s

SocketSend socket1\Str: = " M" ;　　　//触发拍照

WaitTime 0. 5;　　　　　　　　　　//等待 0.5s

SocketReceive socket1\Str: = string1;　//接收拍照数据(字符串类型)

IF ccd = 1 THEN 二维码检测

ret: = StrPart(string1 ,12 ,2);　　　//检测结果显示是 01、02…06(在字符串中分割寻找出的两个字符串)

ELSEIF ccd = 2 THEN　　　　　　　//检测红色区域

ret: = StrPart(string1 ,10 ,2);

ELSEIF ccd = 3 THEN　　　　　　　//检测绿色区域

ret: = StrPart(string1 ,10 ,2)

ENDIF

SocketClose;　　　　　　　　　　//关闭通信

WaitTime 0. 5;

ENDPROCE

说明:

1) ccd = 1 为二维码检测。

2) ccd = 2 或 ccd = 3 为红绿颜色检测。

3) StrPart 指令的应用。StrPart 指令用于寻找一部分字符串以作为一个新的字符串;即指令截取字符串的某个部分作为新的字符串。指定字符串的子串,其拥有规定的长度,并始于指定字符位置。

其中, StrPart 指令运用方式:

StrPart（Str，ChPos Len）

Str 指定数据类型，即 string 字符串。ChPos 指定开始字符位置。如果位于字符串以外，则产生运行时错误。Len 的数据类型 num，指定字符串组成部分的长度。如果长度为负或大于字符串的长度，或者子串位于字符串之外，则会产生运行时错误。

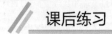

课后练习

利用示教器定义所需要的相关程序数据，设置 socket 通信，其中 IP 地址为 192.168.100.101，端口号为 3010。

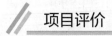

项目评价

项目评价见表 4-47。

表 4-47　项目评价

序号	学习要求	学习评价				备注
		学会实操	掌握知识	仅仅了解	需再学习	
1	了解 ABB 工业机器人 I/O 通信种类					
2	能正确根据要求建立 ABB 工业机器人 I/O 通信					
3	能正确进行 DSQC651 板的配置					
4	了解工业机器人 Socket 通信					

项目五

ABB工业机器人应用实例

ABB 工业机器人在通信、食品、药品、汽车生产、金属产品加工等领域应用广泛，涉及环节包括生产、包装、物流输送、仓储等。ABB 工业机器人在搬运方面应用更为广泛，采用工业机器人进行搬运工作可以极大地提高劳动生产率、节省人力成本、提高定位精度并降低搬运过程中的产品损坏率，保证生产效益的最大化。本项目以 YL-1351A 型六自由度工业机器人实训设备及 YL-1355A 型工业机器人焊接系统控制与应用设备为例，学习工业机器人搬运、码垛及弧焊工作站的编程和调试。

学习目标

➢ 了解典型工业机器人搬运工作过程
➢ 学会工业机器人搬运程序编写与调试
➢ 学会工业机器人搬运离线程序的编写及调试
➢ 了解典型工业机器人码垛工作过程
➢ 学会工业机器人码垛程序编写与调试
➢ 学会工业机器人码垛离线程序的编写及调试
➢ 掌握工业机器人弧焊工作站组成
➢ 学会工业机器人弧焊工作站指令的应用
➢ 学会工业机器人弧焊工作站程序的编写及调试

学习任务一　工业机器人搬运程序的编写及调试

1. 任务要求

以 YL-1351A 型六自由度工业机器人工作站为例，首先要起动传送带，物体沿着传送带进行移动，当到达传送带末端时，传送带停止，然后工业机器人吸盘开始吸取物体，抬到一定高度，最后放置在固定仓储位置，见图 5-1。

按照工作站的动作要求，首先绘制工作站流程图，见图 5-2。

工业机器人现场搬运 1

图 5-1　YL-1351A 型六自由度工业机器人实训设备

图 5-2　搬运工作站流程图

2. 信号的建立

（1）板卡的建立

在搬运过程中，需要建立相应的I/O信号，首先需要建立I/O信号板卡。板卡的建立过程见表5-1。

表5-1　板卡的建立过程

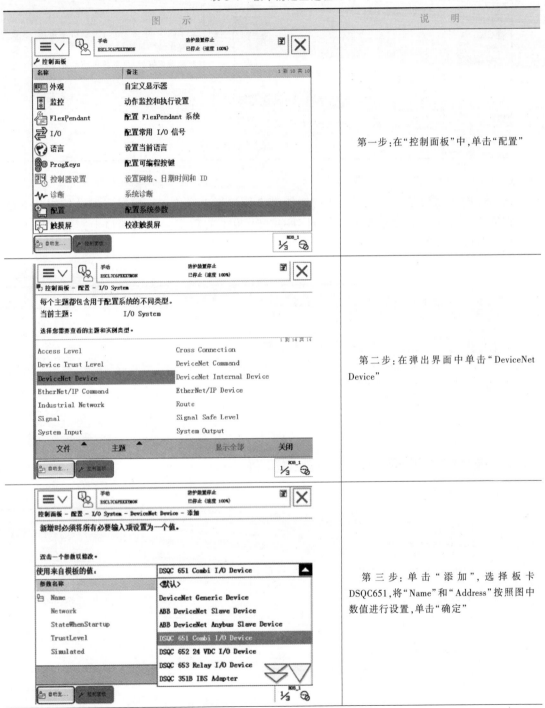

图　　示	说　　明
	第一步：在"控制面板"中，单击"配置"
	第二步：在弹出界面中单击"DeviceNet Device"
	第三步：单击"添加"，选择板卡DSQC651，将"Name"和"Address"按照图中数值进行设置，单击"确定"

（续）

图 示	说 明
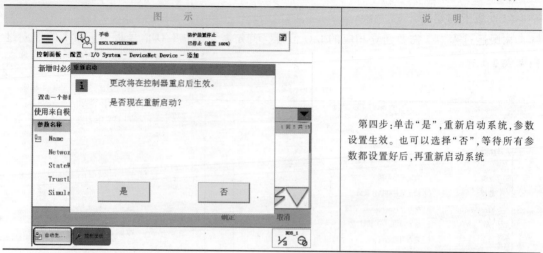	第四步：单击"是"，重新启动系统，参数设置生效。也可以选择"否"，等待所有参数都设置好后，再重新启动系统

（2）传送带起动信号的设置

该信号的作用是起动传送带，使物体能沿着传送带进行传送。根据实训设备的基本情况，控制传送带起动的信号需要连接到 DSQC651 板卡的数字量输出端口上，端口地址为 39，具体参数设置见表 5-2。

表 5-2 传送带起动信号的设置

图 示	说 明
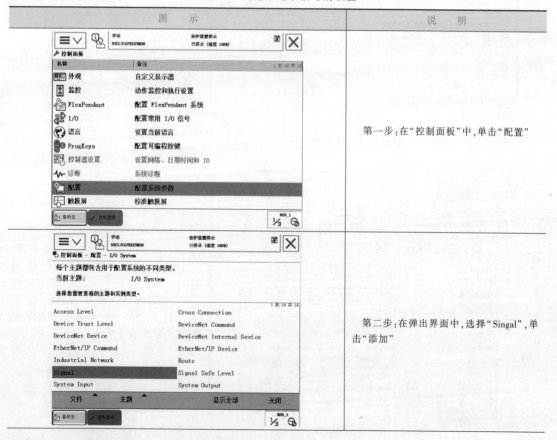	第一步：在"控制面板"中，单击"配置"
	第二步：在弹出界面中，选择"Singal"，单击"添加"

（续）

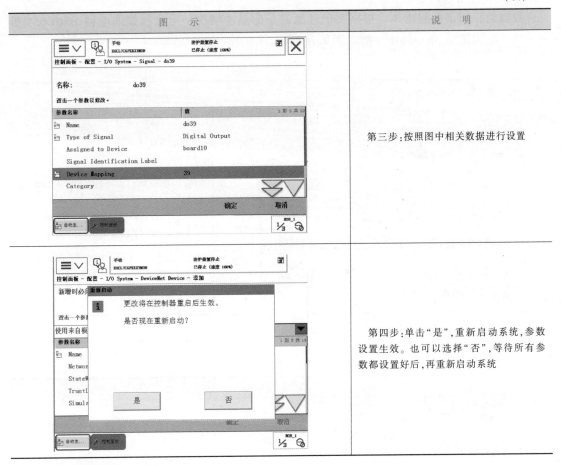

图　示	说　明
控制面板 - 配置 - I/O System - Signal - do39 名称：　do39 双击一个参数以修改。 参数名称　值 Name　do39 Type of Signal　Digital Output Assigned to Device　board10 Signal Identification Label Device Mapping　39 Category 确定　取消	第三步：按照图中相关数据进行设置
控制面板 - 配置 - I/O System - DeviceNet Device - 添加 重新启动 更改将在控制器重启后生效。 是否现在重新启动？ 是　否	第四步：单击"是"，重新启动系统，参数设置生效。也可以选择"否"，等待所有参数都设置好后，再重新启动系统

（3）传感器信号的设置

传感器安装在传动带末端，用于检测物体，使物体能停留在传送带的末端。该信号属于数字输入信号，根据实训设备的基本情况，传感器采用光电开关，其地址接 DSQC651 板卡的数字输入地址 6，具体参数设置见表 5-3。

表 5-3　传感器信号设置

图　示	说　明
控制面板 - 配置 - I/O System - Signal - di6 名称：　di6 双击一个参数以修改。 参数名称　值 Name　di6 Type of Signal　Digital Input Assigned to Device　board10 Signal Identification Label Device Mapping　6 Category 确定　取消	第一步和第二步：参见传送带起动信号设置 第三步：按照图中相关数据进行设置 第四步：同传送带起动信号设置

（4）吸盘信号的建立

吸盘的作用是吸起物体。根据实训基地设备的基本情况，电磁阀接继电器 DSQC651 板卡的数字输出地址 36，具体参数设置见表 5-4。

表 5-4　吸盘信号设置

图　　示	说　　明
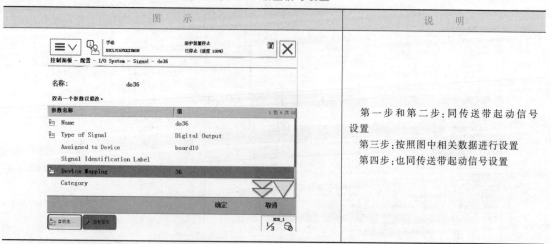	第一步和第二步：同传送带起动信号设置 第三步：按照图中相关数据进行设置 第四步：也同传送带起动信号设置

信号设置完成后，必须重新启动示教器，可以利用以下方式进行检查，见表 5-5。

表 5-5　检查信号

图　　示	说　　明
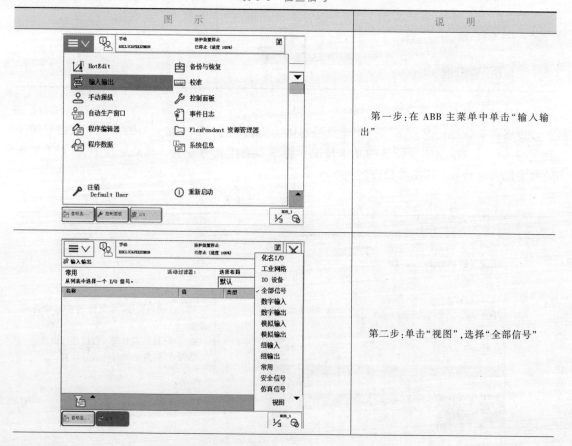	第一步：在 ABB 主菜单中单击"输入输出" 第二步：单击"视图"，选择"全部信号"

（续）

图　示	说　明
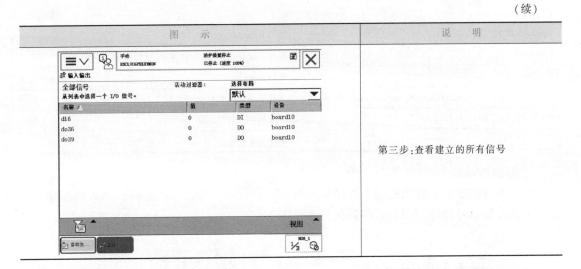	第三步:查看建立的所有信号

3. 吸盘搬运物体程序的编写

在程序编写过程中，会设置三个点，原点 Phome、拾取点 Ppick、放置点 Pplace。在拾取和放置过程中，采用了 offs 偏置指令，节约编程时间；采用 Set 和 Reset 进行吸盘信号的置位和复位；利用 WaitDI 进行传感器信号的等待；利用 WaitTime 进行时间的等待；搬运速度为 v200，采用的工具数据是 dxipan。具体程序见表 5-6。

工业机器人
现场搬运 2

表 5-6　搬运程序及含义

需要定义的程序数据：
CONST tooldata dxipan:=[TRUE,[[0,0,1],[1,0,0,0]],[1,[0,0,0],[1,0,0,0],0,0,0]];
CONST robtarget
Phome:=[[100,200,300],[1,0,0,0],[0,0,0,0],[9E9,9E9,9E9,9E9,9E9,9E9]];
CONST robtarget
Ppick:=[[100,200,300],[1,0,0,0],[0,0,0,0],[9E9,9E9,9E9,9E9,9E9,9E9]];
CONST robtarget
Pplace:=[[100,200,300],[1,0,0,0],[0,0,0,0],[9E9,9E9,9E9,9E9,9E9,9E9]];
三个 robtarget 程序数据需要根据实际情况进行示教

PROC main( )	主程序开始
MoveL Phome,v200,z5,dxipan;	工业机器人线性运动到起始点
Set do39;	传送带起动
WaitDI di6,1;	等待货物到达
Reset do39;	货物到达后,传送带停止
MoveL offs(Ppick,0,0,100),v200,fine,dxipan;	工业机器人线性运动到拾取点上方 100 的位置
MoveL Ppick,v200,fine,dxipan;	工业机器人线性运动到拾取点
WaitTime 0.5;	等待 0.5s
Set do36;	吸盘置位,拾取物体
WaitTime 0.5;	等待 0.5s
MoveL offs(Ppick,0,0,100),v200,fine,dxipan;	工业机器人线性运动到拾取点上方 100 的位置
MoveL offs(Pplace,0,0,100),v200,fine,dxipan;	工业机器人线性运动到放置点上方 100 的位置
MoveL Pplace,v200,fine,dxipan;	工业机器人线性运动到放置点

（续）

WaitTime 0.5;	等待 0.5s
Reset do36;	电磁阀复位,吸盘放置物体
WaitTime 0.5;	等待 0.5s
MoveL offs(Pplace,0,0,100),v200,fine,dxipan;	工业机器人线性运动到放置点上方 100 的位置
MoveL Phome,v200,z5,dxipan;	工业机器人线性运动到起始点
ENDPROC	程序结束

4. 程序的调试

程序编写完成后,将光标移至程序第一行,运行程序。可以单段运行,如果程序没有问题也可以连续运行程序。搬运程序调试界面见图 5-3。

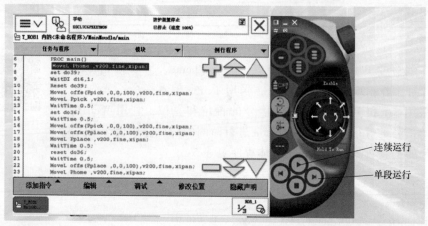

图 5-3　搬运程序调试界面

课后练习

试根据自己的思路编写搬运系统的程序并上机调试运行。

学习任务二　　工业机器人搬运离线编程及演示

1. 任务要求

此任务实施的前提是该仿真工作站已完成布局,吸盘工具已经创建完成,传送带和吸盘组件已经完成设置,具体工作站实训设备见图 5-4。本任务内容属于工业机器人离线仿真内容,也是工业机器人中级培训内容。利用虚拟工作站要实现的动作要求与工业机器人搬运实际工作站是一致的,首先传送带起动,物体沿着传送带进行移动,当到达传送带末端时,传送带停止,然后工业机器人吸盘开始抓取物体,抬到一定高度,移动放置在仓储位置。

工业机器人离线搬运 1

按照工作站的动作要求,首先绘制工作站流程图,由于虚拟工作站实现零件的搬运工作要求和实际工作站一致,所以该虚拟工作站的流程参照学习任务一中的图 5-2。

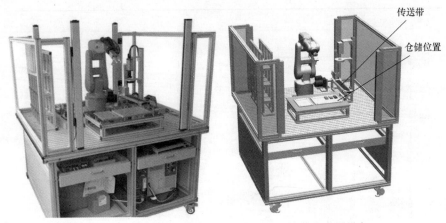

图 5-4　亚龙 YL-1351A 型六自由度工业机器人实训设备

2. 信号的建立

信号的建立内容和实际工作站一致，只是在建立过程中采用一种软件特有的建立方法，这样更快捷。注意，在建立前，要确定虚拟工作站信号地址和实际工作站保持一致，这样就可以直接进行传送和程序调试，避免出现信号地址错误。

（1）板卡的建立

信号建立之前，必须先完成板卡的建立，具体建立方法见表 5-7。

表 5-7　板卡的建立

图　示	说　明
	第一步：在"控制器"中，单击"配置"，选择"I/O System"
	第二步：在弹出界面中选择 DeviceNet Device

（续）

图　示	说　明
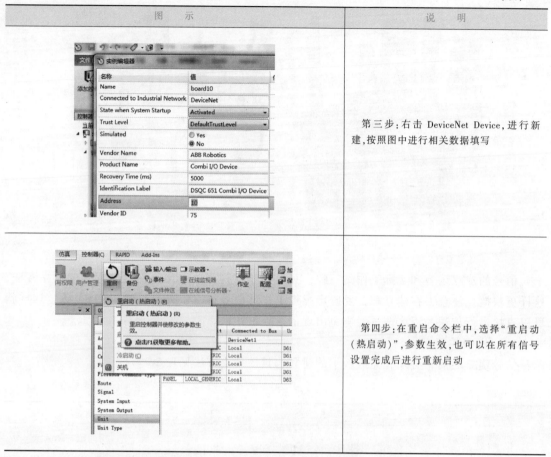	第三步：右击 DeviceNet Device，进行新建，按照图中进行相关数据填写
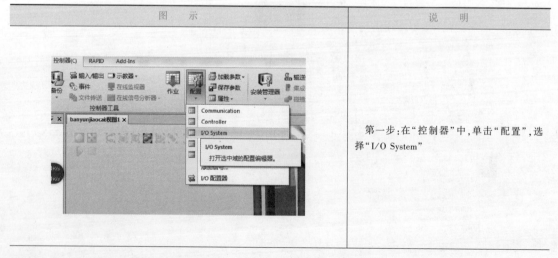	第四步：在重启命令栏中，选择"重启动（热启动）"，参数生效，也可以在所有信号设置完成后进行重新启动

（2）传送带起动信号的建立

在完成板卡建立后，进行传送带起动信号的建立，该信号的功能与实际工作站的功能一致，就不再重复叙述。具体建立过程见表 5-8。

表 5-8　传送带起动信号的建立

图　示	说　明
	第一步：在"控制器"中，单击"配置"，选择"I/O System"

（续）

图　示	说　明
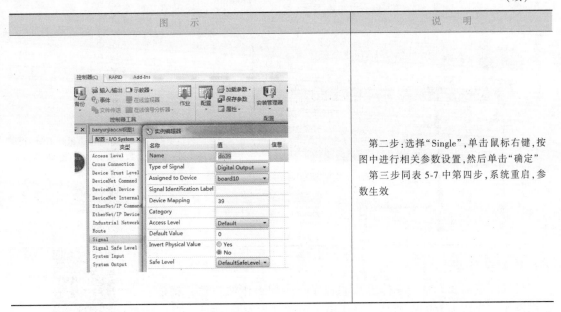	第二步：选择"Single"，单击鼠标右键，按图中进行相关参数设置，然后单击"确定" 第三步同表 5-7 中第四步，系统重启，参数生效

（3）传感器信号的建立

传感器信号的作用是保障物体到达传送带末端时，能够停止，实现工业机器人抓取，属于数字输入信号，具体建立过程见表5-9。

表 5-9　传感器信号的建立

图　示	说　明
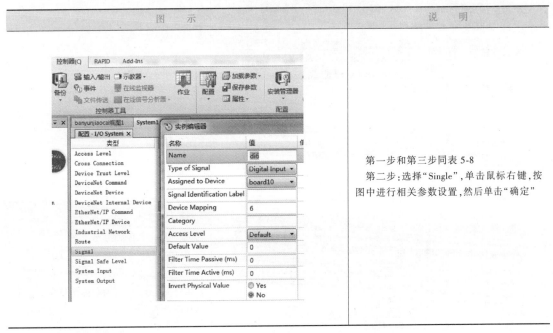	第一步和第三步同表 5-8 第二步：选择"Single"，单击鼠标右键，按图中进行相关参数设置，然后单击"确定"

（4）吸盘信号的建立

吸盘信号属于数字输出信号，具体建立过程和传送带起动信号相似，具体的建立过程见表 5-10。

工业机器人技术基础及应用

表 5-10　吸盘信号的建立

图　示	说　明
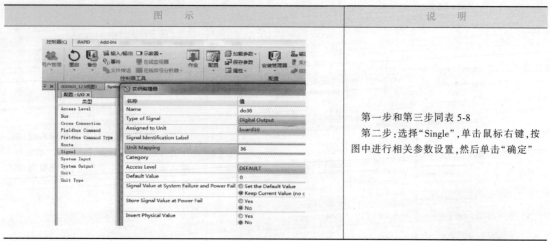	第一步和第三步同表 5-8 第二步：选择"Single"，单击鼠标右键，按图中进行相关参数设置，然后单击"确定"

3. 吸盘搬运离线程序的编写

吸盘搬运离线编程的总体思路和程序与实际工作站一致，就是在程序建立和输入方面有差异，具体操作步骤见表 5-11。

工业机器人离线搬运 2

表 5-11　吸盘搬运离线程序的建立

图　示	说　明
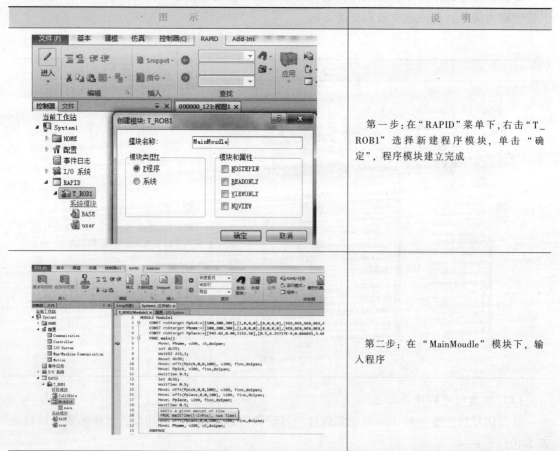	第一步：在"RAPID"菜单下，右击"T_ROB1"选择新建程序模块，单击"确定"，程序模块建立完成 第二步：在"MainMoudle"模块下，输入程序

（续）

图　　示	说　　明
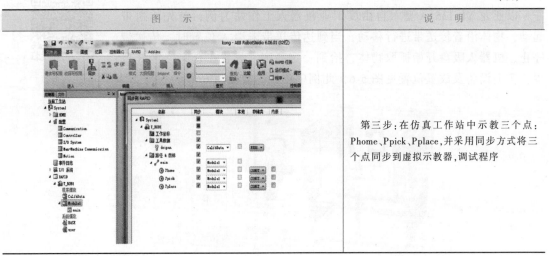	第三步：在仿真工作站中示教三个点：Phome、Ppick、Pplace，并采用同步方式将三个点同步到虚拟示教器，调试程序

4. 吸盘搬运离线程序的调试

如果程序检查没有问题，就可以利用录像功能对工作站进行录像。单击"仿真设定"即可设定活动仿真场景等，如图 5-5 所示。

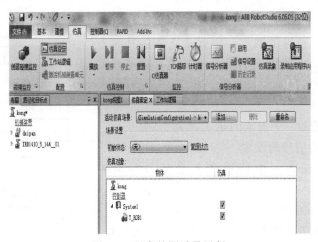

图 5-5　程序的调试及运行

课后练习

试着在离线仿真器上建立数字输入输出信号，并通过强制仿真观察信号值的变化。

学习任务三　　工业机器人码垛程序的编写及调试

由于现代工业生产中立体仓库的广泛使用，客观上推动了码垛作业机器人的发展。码垛作业从实质上来说也是搬运作业的一种体现，对工业机器人事先进行路径规划，然后根据规划路径把对象从一个位置搬运到另外一个位置，只是搬运的目标位置有些不同罢了。本任务完成一个 3 行 2 列的码垛任务。

1. 任务要求

以亚龙 YL-1351A 型六自由度工业机器人工作站为例，首先传送带起动，物体沿着传送带进行移动，当到达传送带末端 A 位置时，传送带停止，机器人吸盘开始抓取物体，抬到一定高度，放置在仓储位置 B 位置，实训设备及放置位置见图 5-6，此例中放置的数量为 6 个。

工业机器人现
场码垛 1

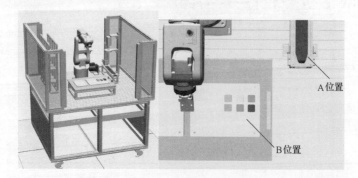

图 5-6　亚龙 YL-1351A 型六自由度工业机器人实训设备及放置位置

按照码垛工作站的动作要求，首先绘制工作站流程图，见图 5-7。

2. 信号的建立

由于码垛是一种特殊的搬运，因此建立的信号和方法与搬运基本相同。主要建立的信号分三类。此部分可以参照搬运设置。

（1）板卡的建立

见本项目学习任务一中板卡的建立（表 5-1）。

（2）传送带起动信号的设置

见本项目学习任务一中传送带起动信号的设置（表 5-2）。

（3）传感器信号的设置

见本项目学习任务一中传感器信号的设置（表 5-3）。

（4）吸盘信号的建立

见本项目学习任务一中吸盘信号的建立（表 5-4）。建立后一定要重新启动系统，让参数生效。

3. 码垛程序的编写

程序编写过程中，我们同样设置三个点：原点

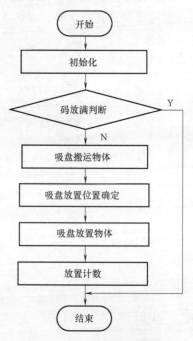

图 5-7　码垛工作站码放流程图

Phome、拾取点 Ppick、放置点 PplaceBase。在拾取和放置中，采用了 offs 偏置指令，节约编程的时间；采用 Set 和 Reset 进行吸盘信号的置位和复位；利用 WaitDI 来进行传感器信号的等待；利用 WaitTime 进行时间的等待；搬运速度为 v200，采用的工具数据是 dxipan。在搬运

工业机器人现场码垛 2

过程中，设置了一个 bool 类型数据变量 bpalletfull，用来判断是否继续码放，设置一个 num 数据类型变量 ncount，用来进行码放数据的计数。具体程序见表 5-12。

表 5-12　码垛程序及含义

需要定义的程序数据:

CONST tooldata ToolFra: = [TRUE,[[0,0,1],[1,0,0,0]],[1,[0,0,0],[1,0,0,0],0,0,0]];

CONST robtarget

Phome: = [[100,200,300],[1,0,0,0],[0,0,0,0],[9E9,9E9,9E9,9E9,9E9,9E9]];

CONST robtarget

Ppick: = [[100,200,300],[1,0,0,0],[0,0,0,0],[9E9,9E9,9E9,9E9,9E9,9E9]];

CONST robtarget

PplaceBase: = [[100,200,300],[1,0,0,0],[0,0,0,0],[9E9,9E9,9E9,9E9,9E9,9E9]];

PERS　robtarget

Pplace: = [[100,200,300],[1,0,0,0],[0,0,0,0],[9E9,9E9,9E9,9E9,9E9,9E9]];

三个 robtarget 程序数据需要根据实际情况进行示教

PERS num ncount: = 1;

PERS bool bpalletfull;

PROC main( )	
rInitAll;	
WHILE TRUE DO	
IF bpalletfull = FALSE THEN	
rpick;	主程序:在执行时,首先进行程序初始化,采用判断方式,
rplace;	如果 bpalletfull = FALSE,进行拾取 rpick 和放置 rplace 例行
ELSE	程序;如果 bpalletfull = TRUE,等待 1s,就退出 WHILE 循环
WaitTime 1;	
ENDIF	
ENDWHILE	
ENDPROC	
PROC　rInitAll( )	
MoveL Phome,v1000,Z0,ToolFra\WObj: = wobj0;	
bpalletfull: = FALSE;	在初始化程序中,运动起点为 Phome,对 bpalletfull 和
ncount: = 1;	ncount 进行赋值,对两个数字输出信号进行复位
Reset do36;	
Reset do39;	
ENDPROC	
PROC rpick( )	
Set do39;	
WaitDI di6,1;	
Reset do39;	
MoveL offs(Ppick,0,0,100),v1000,Z0,ToolFra\WObj: = wobj0;	拾取例行程序,首先传送带起动,传感器检测到有货物 时,传送带停止,工业机器人从原点线性运动到拾取点上
MoveL Ppick,v1000,fine,ToolFra\WObj: = wobj0;	方,再运动到拾取点,拾取物体,然后抬起来,运动到拾取点
WaitTime 0.5;	上方
Set do36;	
WaitTime 0.5;	
MoveL offs(Ppick,0,0,100),v1000,fine,ToolFra\WObj: = wobj0;	
ENDPROC	

（续）

程序	说明
PROC rplace( ) rposition； MoveL offs(pPlace,0,0,200),v1000,Z0,ToolFra\WObj:=wobj0; MoveL pPlace,v100,fine,ToolFra\WObj:=wobj0; WaitTime 0.5； Reset do36； WaitTime 0.5； MoveL Offs(pPlace,0,0,200),v100,fine,ToolFra\WObj:=wobj0; rplaceRD2； ENDPROC	仿真例行程序,首先通过例行程序 rposition 进行放置位置的确定,工业机器人以线性运动方式运动到放置点上方,再运动到放置点,放置物体,然后抬起来,运动到放置点上方,再运行计数例行程序

PROC rplaceRD2( )
 	
Incr ncount；
 	
IF ncount >7 THEN
 	
ncount:=1；
 	
bpalletfull:=TRUE；
 	
ENDIF
 	
ENDPROC
	每放置 1 次,ncount 加 1,判断是否是搬运了 7 次,如果是 7 次,bpalletfull 赋值为 TRUE,ncoun 赋值为 1,工业机器人主程序跳出循环,码放程序结束

PROC rposition( ) TEST ncount CASE 1： Pplace:=RelTool(PplaceBase,0,0,0\Rz:=0)； CASE 2： Pplace:=RelTool(PplaceBase,0,-140,0\Rz:=0)； CASE 3： Pplace:=RelTool(PplaceBase,140,0,0\Rz:=0)； CASE 4： Pplace:=RelTool(PplaceBase,140,-140,0\Rz:=0)； CASE 5： Pplace:=RelTool(PplaceBase,280,0,0\Rz:=0)； CASE 6： Pplace:=RelTool(PplaceBase,280,-140,0\Rz:=0)； DEFAULT： Stop； ENDTEST ENDPROC	放置位置例行程序,首先进行 ncount 的测试,根据 ncount 的不同,将 PplaceBase 的值进行偏置,然后赋值给 Pplace,从而可以改变不同次数物体的放置位置

（续）

PROC rModify()	
MoveL Phome, v100, fine, ToolFra\WObj: = wobj0;	示教点例行程序,从该程序中可以看出该码垛程序中需
MoveL Ppick, v50, fine, ToolFra\WObj: = wobj0;	要示教三个点,分别是:Phome、Ppick 和 PplaceBase
MoveL PplaceBase, v100, fine, ToolFra\WObj: = wobj0;	
ENDPROC	

4. 程序的调试与运行

程序编写完成后,将指针移至程序第一行,运行程序,可以单段运行。如果程序没有问题,就可以连续运行了,见图 5-8。

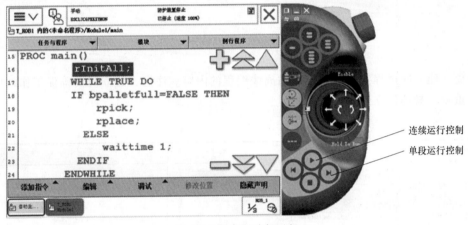

图 5-8　程序调试与运行

课后练习

试着用自己的思路编写码垛程序并上机调试运行。

学习任务四　工业机器人码垛离线编程及演示

1. 任务要求

工业机器人离线码垛 1

此任务实施的前提是该仿真工作站以完成布局,吸盘工具已经创建,传送带和吸盘组件已经完成设置,具体工作站见图 5-9a。工业机器人码垛要求和实际工作站一致,传送带起动,物体沿着传送带进行移动,当到达传送带末端,传送带停止移动,工业机器人吸盘开始抓取物体,抬到一定高度,放置在仓储位置,放置位置见图 5-9b。物体之间的放置距离为 140mm,放置的数量为 6个。从工业机器人码垛离线程序中可以看出,使用软件可以更方便快捷地实现工业机器人的功能。下面就利用仿真软件来实现码垛离线编程。码垛离线编程的工作站流程见实际码垛工作站流程。

2. 信号的建立

信号的建立内容和实际工作站相一致,只是在建立过程中采用软件特有的建立方法,这

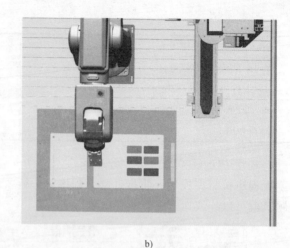

a)   b)

图 5-9　亚龙 YL-1351A 型六自由度工业机器人码垛工作站

样更快捷。建立的过程参照搬运工作站离线编程的内容。注意，建立时要确保工作站信号命名不能重复。具体建立过程见表 5-13。

表 5-13　信号的建立步骤

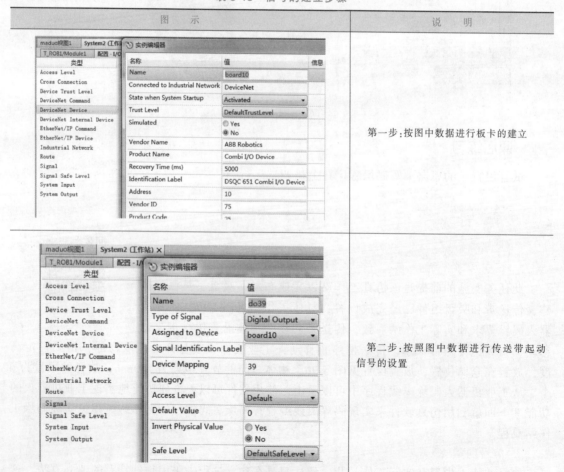

图　　示	说　　明
	第一步:按图中数据进行板卡的建立
	第二步:按照图中数据进行传送带起动信号的设置

（续）

图　示	说　明
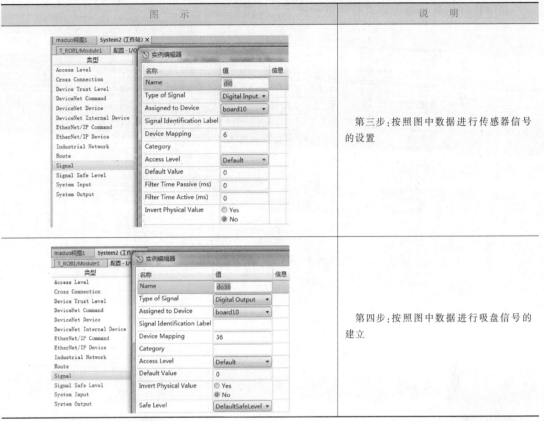	第三步：按照图中数据进行传感器信号的设置
	第四步：按照图中数据进行吸盘信号的建立

3. 码垛离线程序的编写

工业机器人码垛离线程序和搬运离线程序的内容不同，但是建立的过程一致，见图5-10。

工业机器人
离线码垛2

图5-10　码垛离线编程

4. 离线程序的调试与演示

利用软件仿真，对程序进行调试和演示，见图 5-11。

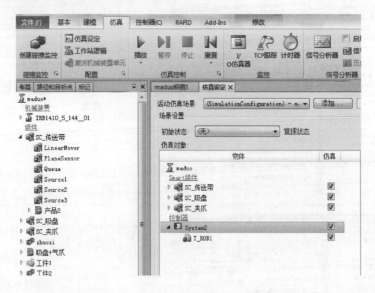

图 5-11　码垛离线程序的调试与演示

学习任务五　　工业机器人焊接系统的程序编制与调试

弧焊机器人是工业机器人的一个重要应用分支。在本任务中，将以 YL-1355A 型工业机器人焊接系统控制与应用设备（见图 5-12）为例，介绍弧焊机器人的组成、焊接操作及弧焊的基本指令等内容。

1. 工业机器人焊接系统的组成

一个完整的工业机器人焊接系统由工业机器人、焊枪、焊机、送丝机、焊丝、焊丝盘、气瓶、冷却水系统（限于需水冷的焊枪）、剪丝

图 5-12　YL-1355A 型工业机器人焊接系统控制与应用设备

清洗设备、烟雾净化系统或者烟雾净化过滤机等组成，见图 5-13。

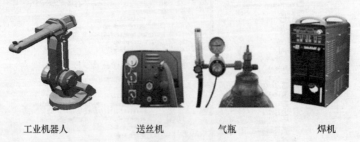

工业机器人　　　　　送丝机　　　　　气瓶　　　　　焊机

图 5-13　工业机器人焊接系统组成

| 烟雾净化系统 | 焊枪 | 剪丝清洗设备 |

图 5-13　工业机器人焊接系统组成（续）

2. 焊接系统的焊机及送丝机主要接口

（1）焊机接口（见图 5-14）

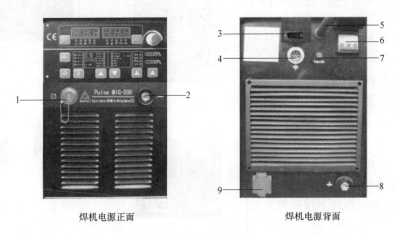

焊机电源正面　　　　　　　　　　焊机电源背面

图 5-14　焊机接口

1—外设控制插座 X3　2—焊机输出插座（-）　3—程序升级下载口 X4　4—送丝机控制插座 X7
5—输入电缆　6—断路器　7—熔体　8—焊机输出插座（+）　9—加热电源插座 X5

（2）送丝机接口（见图 5-15）

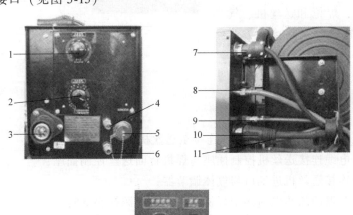

图 5-15　送丝机接口

其中，1—电流调节旋钮，转动可预置焊接电流。

2—电压调节旋钮，转动可进行弧长修正。

3—焊枪接口，可接气冷或水冷欧式焊枪。

4—回水接口，接焊枪回水管（一般是红色端）。

5—外设控制插座，可连接专机或遥控盒。

6—进水接口，接焊枪进水管（一般是蓝色端）。

7—送丝机控制插座，通过控制电缆连接焊机。

8—气管接口，通过橡胶管连接气瓶。

9—回水接口，通过橡胶管接水冷机的回水口。

10—焊接电缆插座，通过焊接电缆接焊机输出插座（+）。

11—进水接口，通过橡胶管接水冷机的出水口。

12—手动送丝按钮，按下按钮后起动送丝机，通过电流调节旋钮可调节送丝速度。松开按钮，送丝停止。

13—气检按钮，按下按钮只打开气阀，不起动送丝机和焊机。此时可送气 30s，期间再按下按钮停止送气。

3. 焊接系统各单元间的连接

焊接系统各单元间的连接包括焊机和送丝机、焊机和焊接工作台、焊机和加热器、送丝机和工业机器人控制柜、焊枪和送丝机、气瓶和送丝机的连接等实物接线方式见图 5-16。

其中，1—焊接电源正面输出插座（-）通过接地电缆与被焊工件连接；

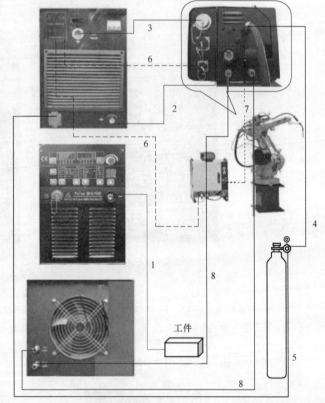

图 5-16　完整焊接系统接线图

2—焊接电源背面输出插座（+）连接至送丝机焊接电源插座；

3—用控制电缆连接送丝机控制插座与焊机背面送丝控制插座；

4—用气管连接送丝机进气口与气体调节器；

5—气体调节器的加热电缆接至焊机背面加热电源插座 X5；

6—数字通信方式下，焊机 DeviceNet 通信接口盒通过串行通信电缆连接工业机器人串行通信插座；

7—模拟通信方式下，用模拟控制电缆连接工业机器人与焊机模拟控制插座；

8—若配置水冷焊枪，用水管把焊机出水口和进水口接至送丝机出水口与进水口（通过水管接口颜色辨认，蓝色水管接蓝色口，红色水管接红色口）。

完成上述工作后，连接焊机电源，装入焊丝与保护气体即可进行焊接。设备连接示意图见图5-17。

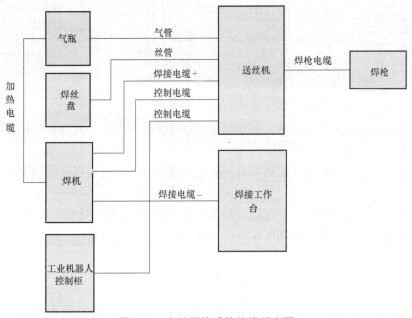

图5-17　完整焊接系统接线示意图

4. 送丝机压力的调节

连接完成后，根据工艺要求需要调整送丝轮、气瓶压力以及焊丝盘的盘制动力。本送丝机为四轮双驱，见图5-18。

送丝压力刻度盘位于压力手柄上，对于不同材质及直径的焊丝有不同的压力关系，见表5-14及图5-19。表5-14中的数值仅供参考，实际的压力调节规范必须根据焊枪电缆长度、焊枪类型、送丝条件和焊丝类型做相应的调整。

送丝轮类型1：适合硬质焊丝，如实芯碳钢、不锈钢焊丝。

送丝轮类型2：适合软质焊丝，如铝及其合金焊丝。

送丝轮类型3：适合药芯焊丝。

图5-18　送丝机结构
1—压丝轮　2—压力手柄
3—主动齿轮　4—送丝轮

表5-14　不同材质及直径的焊丝对应的压力关系

送丝轮类型	焊丝直径/mm			
	$\phi0.8$	$\phi1.0$	$\phi1.2$	$\phi1.6$
	压力刻度/N			
1	1.5~2.5	1.5~2.5	1.5~2.5	1.5~2.5
2	0.5~1.5	0.5~1.5	0.5~1.5	0.5~1.5
3	—	—	1.0~2.0	1.0~2.0

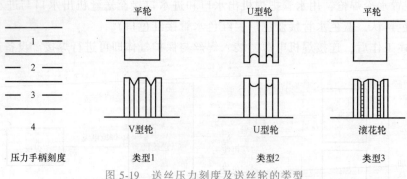

图 5-19　送丝压力刻度及送丝轮的类型

使用压力手柄调节送丝轮压力，使焊丝均匀地送进送丝导管，并允许焊丝从导电嘴出来时有一点摩擦力，而不致在送丝轮上打滑。

注意：过大的压力会造成焊丝被压扁，镀层被破坏，并会造成送丝轮磨损过快和送丝阻力增大。

本工业机器人焊接系统的焊丝选用直径为 1.2mm 的实芯碳钢材质，送丝轮选用类型 1，因此要求在焊接之前将压力手柄刻度设定在 1.5~2.5。

5. 气瓶流量调整

气瓶结构见图 5-20。

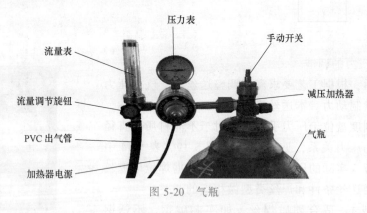

图 5-20　气瓶

气瓶流量和焊接方式、板厚、焊丝直径有关，参考表 5-15 和表 5-16 来调节气体流量（L/min）。

在调节流量前，确保气瓶手动开关阀门打开。流量调节的步骤如下。

1）单击送丝机的气检按钮（13），送气 30s。

2）在送气期间，旋转流量调节旋钮，使浮球处于预设流量的刻度位置。

3）流量调节完成后，再次按下气检按钮，停止送气。

6. 焊机操作

（1）控制面板按键与指示灯

在设置焊机操作前，首先要了解焊机的控制面板按键与指示灯。焊机的控制面板用于焊机的功能选择和部分参数设定。控制面板包括数字显示窗口、调节旋钮、按键、发光二极管指示灯等，见图 5-21。

表 5-15　低碳钢实心焊丝 CO_2 对接焊接工艺

	板厚	根部间隙 G/mm	焊丝直径 /mm	焊接电流 /A	焊接电压 /V	焊接速度 /(cm/min)	气体流量/ (L/min)
对接	0.8	0	0.8	60~70	16~16.5	50~60	10
	1.0	0	0.8	75~85	17~17.5	50~60	10~15
	1.2	0	0.8	80~90	17~18	50~60	10~15
	2.0	0~0.5	1.0、1.2	110~120	19~19.5	45~50	10~15
	3.2	0~1.5	1.2	130~150	20~23	30~40	10~20
	4.5	0~1.5	1.2	150~180	21~23	30~35	10~20
	6	0	1.2	270~300	27~30	60~70	10~20
		1.2~1.5	1.2	230~260	24~26	40~50	15~20
	8	0~1.2	1.2	300~350	30~35	30~40	15~20
		0~0.8	1.6	380~420	37~38	40~50	15~20
	12	0~1.2	1.6	420~480	38~41	50~60	15~20

表 5-16　低碳钢实心焊丝 CO_2 角接焊接工艺

	板厚	焊丝直径 /mm	焊接电流 /A	焊接电压 /V	焊接速度 /(cm/min)	气体流量/ (L/min)
角接	1.0	0.8	70~80	17~18	50~60	10~15
	1.2	1.0	85~90	18~19	50~60	10~15
	1.6	1.0	100~110	18~19.5	50~60	10~15
		1.2	120~130	19~20	40~50	10~20
	2.0	1.0、1.2	115~125	19.5~20	50~60	10~15
	3.2	1.0	150~170	21~22	45~50	15~20
		1.2	200~250	24~26	45~60	10~20
	4.5	1.0	180~200	23~24	40~45	15~20
		1.2	200~250	24~26	40~50	15~20
	6	1.2	220~250	25~27	35~45	15~20
		1.2	270~300	28~31	60~70	15~20
	8	1.2	270~300	28~31	55~60	15~20
		1.2	260~300	26~32	25~35	15~20
		1.6	300~330	25~26	30~35	15~20
	12	1.2	260~300	26~32	25~35	15~20
		1.6	300~330	25~26	30~35	15~20
	16	1.6	340~350	27~28	35~40	15~20
	19	1.6	360~370	27~28	30~35	15~20

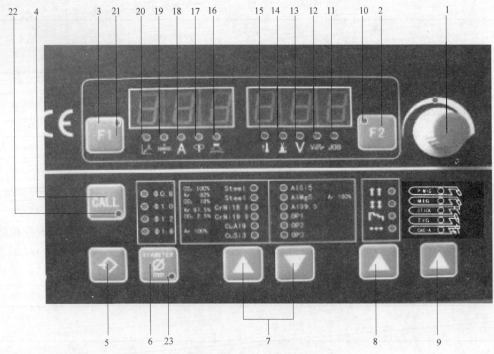

图 5-21　焊机操作面板

其中，1—调节旋钮，调节各参数值。该调节旋钮上方指示灯亮时，可以用此旋钮调节对应项目的参数。

2—参数选择键 F2，可选择进行操作的参数。

3—参数选择键 F1，可选择进行操作的参数。

4—调用键，调用已存储的参数。

5—存储键，进入设置菜单或存储参数。

6—焊丝直径选择键，选择所用焊丝直径。

7—焊丝材料选择键，选择焊接所要采用的焊丝材料及根据相应焊材使用不同保护气体。

8—焊枪操作模式键，选择焊枪操作模式。

9—焊接方式选择键，可选择焊接方式。

10—F2 键选中指示灯。

11—作业号指示灯，按作业号调取预先存储的作业参数。

12—焊接速度指示灯，指示灯亮时，右显示屏显示参考焊接速度（cm/min）。焊接速度与焊角成一定的反比例关系。

13—焊接电压指示灯，指示灯亮时，右显示屏显示预置或实际焊接电压。

14—弧长修正指示灯，指示灯亮时，右显示屏显示修正弧长值。

15—机内温度指示灯，焊机过热时，该指示灯亮。

16—电弧力/电弧挺度，用 MIG/MAG 脉冲焊接时，调节电弧力。

17—送丝速度指示灯，指示灯亮时，左显示屏显示送丝速度，单位为 m/min。

18—焊接电流指示灯，指示灯亮时，左显示屏显示预置或实际焊接电流。

19—母材厚度指示灯，指示灯亮时，左显示屏显示参考母材厚度。

20—焊角指示灯，指示灯亮时，左显示屏显示焊角尺寸"a"。

21—F1键选中指示灯。

22—调用作业模式工作指示灯。

23—隐含参数菜单指示灯。

（2）操作流程

在操作过程中，依次选择焊接方法、工作模式、焊丝直径、焊丝材料。

1）焊接方法选择。按按键9进行选择，与之相对应的指示灯亮。

① P-MIG 为脉冲焊接。

② MIG 为一元化直流焊接。

③ STICK 为手工焊接。

④ TIG 为钨极氩弧焊接。

⑤ CAC-A 为碳弧气刨。

本工作站选择 MIG 一元化直流焊接。

2）工作模式选择。按按键8进行选择，与之相对应的指示灯亮。

① 两步工作模式↑↑。

② 四步工作模式↕↕。

③ 特殊四步工作模式┌┐。

④ 点焊工作模式●●●。

此实例中，选择两步工作模式。两步工作模式时序图见图5-22。特殊步、点焊工作模式具体含义请参考焊机焊工操作手册。

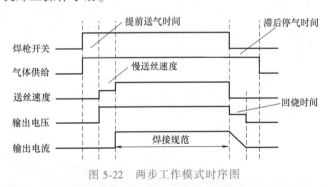

图 5-22　两步工作模式时序图

3）焊丝材料选择。按按键7进行选择，与之相对应的指示灯亮。这里选择第一种：CO_2，100%，Steel。

4）焊丝直径选择。按按键6进行选择，与之相对应的指示灯亮。

① $\phi 0.8$。

② $\phi 1.0$。

③ $\phi 1.2$。

④ $\phi 1.6$。

这里选择 $\phi 1.2$ 焊接。

5）其他参数的调整，例如，板厚、焊接速度、焊接电流、焊接电压、电弧力/电弧挺度等。如果焊接电压和电流由工业机器人设定则无需单独设置。

注意：完成以上设置后，根据实际焊接弧长微调电压旋钮，使电弧处在脉冲声音中稍微夹杂短路声音状态，可达到很好的焊接效果。

（3）焊机隐含参数菜单及参数项调节

焊机参数见表 5-17。参数 P01 和 P09 一般情况下需要进行修改，这里只对两者做简短说明。

表 5-17　焊机参数

项目	用途	设定范围	调参最小单位	出厂设置
P01	回烧时间	0.01~2.00s	0.01s	0.08s
P02	慢送丝速度	1.0~21.0m/min	0.1m/min	3.6m/min
P03	提前送气时间	0.1~10.0s	0.1s	0.20s
P04	滞后停气时间	0.1~10.0s	0.1s	1.0s
P05	初期规范	1%~200%	1%	135%
P06	收弧规范	1%~200%	1%	50%
P07	过渡时间	0.1~10.0s	0.1s	2.0s
P08	点焊时间	0.5~5.0s	0.1s	3.0s
P09	近控有无	OFF/ON	—	OFF
P10	水冷选择	OFF/ON	—	ON
P11	双脉冲频率	0.5~5.0Hz	0.1Hz	OFF
P12	强脉冲群弧长修正	−50%~+50%	1%	20%
P13	双脉冲速度偏移量	0~2m	0.1m	2m
P14	强脉冲群占空比	10%~90%	1%	50%
P15	脉冲模式	OFF/UI	—	OFF
P16	风机控制时间	5~15min	1min	15min
P17	特殊两步起弧时间	0~10s	0.1s	OFF
P18	特殊两步收弧时间	0~10s	0.1s	OFF
STICK 焊接方式的隐含参数				
H01	热引弧电流	1%~100%	1%	50%
H02	热引弧时间	0.0~2.0s	0.1s	0.5s
H03	防粘条功能有无	OFF/ON	—	ON

1）P01（回烧时间）：回烧时间过长，会造成焊接完成时焊丝回烧过多，焊丝端头熔球过大；回烧时间过短，会造成焊接完成时焊丝与工件粘连。

2）P09（近控有无）：选择 OFF 时，正常焊接规范由送丝机调节旋钮确定（即焊接电流和焊接电压由工业机器人设定）；选择 ON 时，正常焊接规范由控制面板调节旋钮确定。

为了修改参数 P01 和 P09，必须把隐含参数调出来，按如下步骤进行调用和修改。

① 同时按下存储键 5 和焊丝直径选择键 6 并松开，隐含参数菜单指示灯 23 亮，表示已进入隐含参数菜单调节模式。

② 用焊丝直径选择键 6 选择要修改的项目。

③ 用调节旋钮 1 调节要修改的参数值。

④ 修改完成, 再次按下存储键 5 退出隐含参数菜单调节模式, 隐含参数菜单指示灯 23 灭。操作流程见图 5-23。

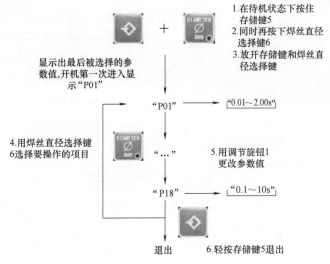

图 5-23　操作流程

注意: 按下调节旋钮 1 约 3s, 焊机参数将恢复出厂设置。

（4）本设备的焊机的参数设置

焊机参数设置方法请参考操作手册。参数设置顺序为: 焊丝直径选择、焊丝材料和保护气体选择、操作方式选择、参数键 F1、参数键 F2、隐含参数调节。参数设置完成应存储。对于板厚 2.0mm 的低碳钢实心焊丝角接焊接工艺, 结合设备情况, 其参数设置见表 5-18。

表 5-18　低碳钢实心焊丝 CO_2 角接焊接工艺参数设置

内容	设置值	说明
焊丝直径/mm	1.2	
焊丝材料和保护气体	CO_2 100%	
	低碳钢	
操作方式	两步	
	恒压（一元化直流焊接）	

参数键 F1 的设置见表 5-19。

表 5-19　参数键 F1 的设置

板厚/mm	2	
焊接电流/A	110	
送丝速度/（m/min）	2.5	
电弧力/电弧挺度	5	−为电弧硬而稳定 0 为中等电弧 +为电弧柔和, 飞溅小

参数键 F2 的设置见表 5-20。

表 5-20　参数键 F2 的设置

弧长修正	0.5	-为弧长变短 0 为标准弧长 +为弧长变长
焊接电压/V	20.5	
焊接速度/(cm/min)	60	
作业号 n	1	

隐含参数的设置见表 5-21。

表 5-21　隐含参数的设置

项目	用途	设定范围	最小单位	出厂设置	实际设置	说明
P01	回烧时间	0.01~2.00s	0.01s	0.08	0.05	如果焊接电压和电流由工业机器人设定,则设置为 0.3
P09	近控有无	OFF/ON		OFF	ON	OFF 为正常焊接规范由送丝机调节旋钮确定;ON 为焊接规范由控制面板调节旋钮确定
P10	P10 水冷选择			ON	OFF	选择 OFF 时,无水冷机或水冷机不工作,无水冷保护;选择 ON 时,水冷机工作,水冷机工作不正常时有水冷保护

（5）焊接方向和焊枪角度

焊枪向焊接行进方向倾斜 0°~10°时的熔接法（焊接方法）称为"后退法"（与手工焊接相同）。焊枪姿态不变，向相反方向行进的焊接方法称为"前进法"。一般而言，使用"前进法"焊接，气体保护效果较好，可以一边观察焊接轨迹，一边进行焊接操作。为此，多采用"前进法"进行焊接，见图 5-24。

7. 焊接系统 I/O 地址及信号设定

（1）焊接系统标准 I/O 板卡

焊接系统通信方式主要采用 ABB 工业机器人标准 I/O 板。本系统中采用 DSQC651 板卡，挂在 DeviceNet

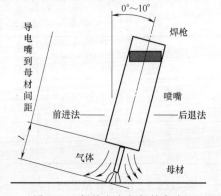

图 5-24　焊接方向与焊枪角度

总线上。在使用过程中，要设定该板卡在网络中的地址，具体地址主要是通过 X5 端子上的 6~12 号引脚来进行定义。本系统中将 X5 端子的第 8 和 10 引脚剪掉，得到该板卡的地址 10。DSQC651 的主要信号有 2 个模拟量输出（0~10V），8 路数字输出信号，8 路数字输入信号。具体地址定义见表 5-22。

（2）焊接系统信号分配

要组成一个工业机器人焊接系统，必须根据 DSQ651 板卡的地址情况进行焊接信号的分配。焊接的主要信号有数字输出信号、模拟输出信号。该焊接系统中具体工业机器人信号地址分配及定义见表5-23。

表5-22　焊接系统标准I/O板地址定义

端子号	名　称	地址范围
X1	数字输出	Do10_1 ~ Do10_7(32 ~ 39)
X3	数字输入	Di10_1 ~ Di10_7(0 ~ 7)
X6	模拟输出	Ao10_1(0 ~ 15) Ao10_2(16 ~ 31)

表5-23　焊接系统中工业机器人信号地址分配及定义

工业机器人系统关联信号	工业机器人信号名称	DSQC651 地址	说　明
FeedON	Do10_5	37	送丝
GasON	Do10_6	38	送气
WeldON	Do10_7	39	焊接
VoltReference	Ao10_1	0 ~ 15	焊接电压
CurrentReference	Ao10_2	16 ~ 31	焊接电流

（3）焊接系统信号定义

在焊接系统信号输出的定义中，要求完成Do10_5 ~ Do10_7及模拟信号Ao10_1与Ao10_2的定义。通过ABB主菜单下"控制面板"—"配置"—"Singal"可进行信号设定。在输出信号设定中，需要定义"Type of Singal""Assigned to Unit""Unit Mapping"。

（4）焊机与工业机器人信号关联

定义完焊接系统的数字输出及模拟输出信号后，要求进行信号的关联。将Do10_5关联到FeedON、Do10_6关联到GasON、Do10_7关联到WeldON。模拟输出Ao10_1关联到VoltReference，模拟量输出Ao10_2信号关联到CurrentReference，具体关联地址见表5-23。

8. 焊接指令

在焊接系统中，任何焊接过程都要以ArcLStart或ArcCStart开始，通常运用ArcLStart作为起始语句；任何焊接过程必须以ArcLEnd或ArcCEnd结束；焊接中间点用ArcL或ArcC语句；焊接过程中不同语句可以使用不同的焊接参数（SeamData和WeldData）。

（1）线性焊接开始指令ArcLStart

ArcLStart用于直线焊缝的焊接开始。工具中心点线性移动到指定目标位置，整个焊接过程通过参数设置进行控制。

例如：ArcLStart P1, v5, seam1, weld1, fine, gun1;

工业机器人线性运行到P1点起弧，焊接开始，见图5-25。

（2）线性焊接指令ArcL

ArcL用于直线焊缝的焊接，工具中心点

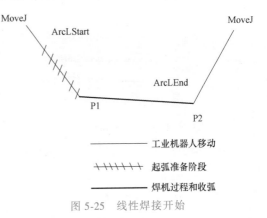

图5-25　线性焊接开始

线性移动到指定目标位置，焊接过程通过参数控制。

例如：

ArcL P2,v5,seam1,Weld1,fine,gun1;

工业机器人线性焊接的部分应使用 ArcL 指令，见图 5-26。

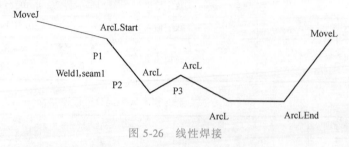

图 5-26　线性焊接

（3）线性焊接结束指令 ArcLEnd

ArcLEnd 用于直线焊缝的焊接结束，工具中心点线性移动到指定目标点位置，整个焊接过程通过参数设置进行控制。

例如：ArcLEnd P2,v5,seam1,weld1,fine,gun1;

工业机器人在 P2 点使用 ArcLEnd 指令结束焊接，见图 5-27。

（4）圆弧焊接开始指令 ArcCStart

ArcCStart 用于圆弧焊缝焊接开始，工具中心点圆周运动到指定目标位置，整个焊接过程通过参数设置进行控制。

例如：ArcCStart　P1,P2,v5,seam1,weld1,fine,gun1;

工业机器人圆弧运行到 P2 点起弧，焊接开始，见图 5-28。

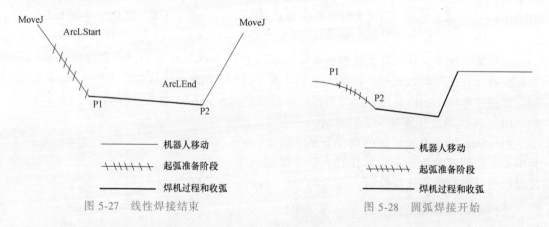

图 5-27　线性焊接结束　　　　　图 5-28　圆弧焊接开始

（5）圆弧焊接指令 ArcC

ArcC 用于圆弧焊缝的焊接，工具中心点圆弧运动到指定目标位置，焊接过程通过参数控制。

例如：ArcC　P1,P2,v5,seam1,weld1,fine,gun1;

工业机器人圆弧焊接的部分应使用 ArcC 指令，见图 5-29。

（6）圆弧焊接结束指令 ArcCEnd

ArcCEnd 用于圆弧焊缝的焊接结束，工具中心点圆周运动到指定目标位置，整个焊接过程通过参数设置进行控制。例如：

ArcCEnd　P1,P2,v5,seam1,weld1,fine,gun1;

工业机器人在 P2 点使用 ArcCEnd 指令结束焊接，见图 5-30。

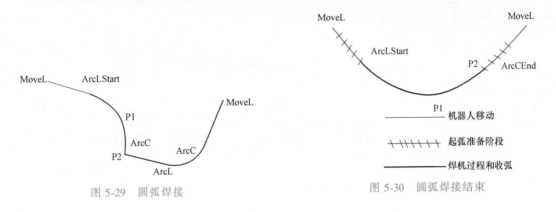

图 5-29　圆弧焊接　　　　　　　　图 5-30　圆弧焊接结束

9. 焊接参数的设定

SpeedData 表示焊接速度，在焊接指令应用中应对其进行设置。通过单击"程序数据"→"视图"→"全部数据"，选择 SpeedData，单击"新建"，给新建参数更改名称。如果要新建的速度为 8mm/s，建议把变量名称更改为"v8"，更改完成后单击"确认"。单击新建的变量，修改"v_tcp"速度为"8"，其他默认，见图 5-31。

说明：v_tcp、v_ori、v_leax、v_reax 分别指工具中心点速度、工具复位速度、外轴线速度、外轴角速度。当运动为几种不同类型的结合时，任一速度都能限制所有的动作。

名称：　　　　　　　v8

点击一个字段以编辑值。

名称	值	数据类型	1 到 5 共 5
v8:	[8,500,5000,1000]	speeddata	
v_tcp :=	8	num	
v_ori :=	500	num	
v_leax :=	5000	num	
v_reax :=	1000	num	

	撤消	确定	取消

图 5-31　焊接参数 SpeedData

SeamData 包含清枪时间、提前送气和滞后关气时间等参数，WeldData 包含焊接速度、电流和电压（弧长修正）等参数，通过 ABB 主菜单下"程序数据"→"SeamData"和"WeldData"进行程序数据设置，具体设置参数见图 5-32 和图 5-33。

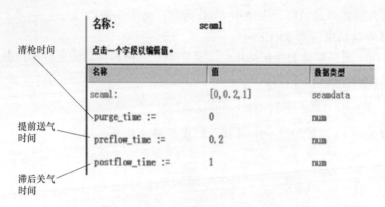

图 5-32 焊接参数 SeamData

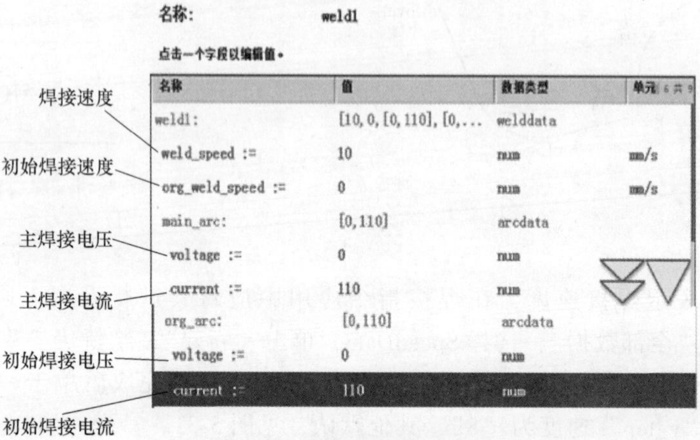

图 5-33 焊接参数 WeldData

Weavedata 是焊接过程中的摆弧参数，其中 weave_shape 表示摆动形状，weave_type 表示摆动模式，weave_length 表示一个摆动周期内工业机器人各轴移动的距离，weave_width 表示摆动宽度，见图 5-34。

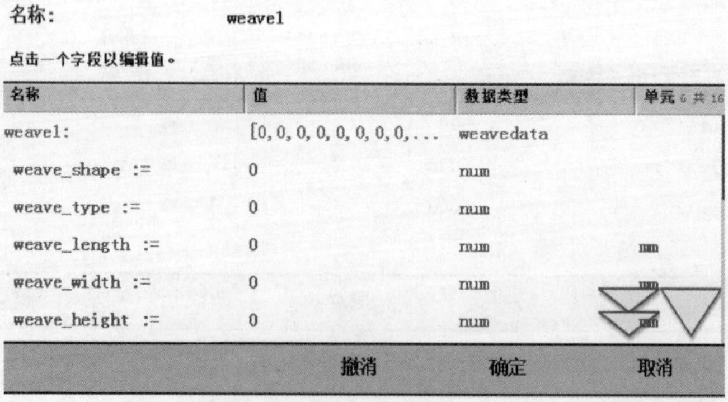

图 5-34 焊接参数 Weavedata

RobotWare Arc 界面中的锁定工艺项可锁定焊接速度，屏蔽 weld 中的指定速度，使指令中的焊接速度生效。一旦速度被锁定，其余三项无效，这种情况下执行焊接指令时焊机不会焊接。"焊接启动""摆动启动""跟踪启动"可独立锁定而不影响其他项，见图5-35。

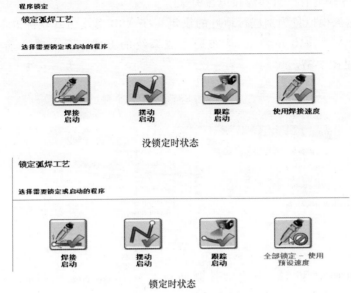

图5-35　锁定弧焊参数

10. 焊接电流和焊接弧长电压的模拟量量程校正

ABB工业机器人I/O板的模拟量输出信号的范围是0～10V，正常情况下焊机焊接电流、焊接弧长电压工业机器人模拟量的量程对应图见图5-36。

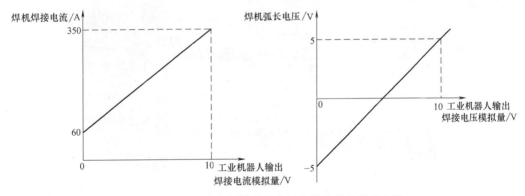

图5-36　焊接电流、焊接弧长电压模拟量的量程对应图

实际上的对应关系与图5-36会有偏差，因此如果焊接规范由工业机器人确定，为了更加精确地控制焊接电压和焊接电流，则需要对焊接弧长电压的模拟量（0～10V）和焊接电流的模拟量（0～10V）量程进行矫正。校正量程时焊机必须在远程模式，即P09（近控有无）设置为OFF。校正完成后，再将P09设置为ON，则为正常焊接规范，由控制面板调节旋钮确定。

说明：

1）实际上在远程模式下，工业机器人的焊接电压和焊接电流模拟量信号是先连接到送丝机，再由送丝机连接到焊机。

2）焊机的焊接电压=初始焊接电压（当弧长电压=0时）+弧长电压。初始焊接电压在板厚、焊接速度等确定时，只和焊接电流有关。

3）以焊接电流模拟量为例进行地址的设定。在 ABB 离线仿真软件 RobotStudio 上操作，要新建项目，插入"1410模型"，从布局生成系统的方式，至少要勾选"709-1Devicenet Master/Slave"，见图 5-37。

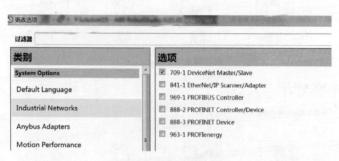

图 5-37　软件板块选择

4）添加 DSQC651 板卡。单击"控制面板"→"DeviceNet　Device"→"添加"，出现图 5-38 所示界面，单击"使用来自模板的值"右侧的下拉框，在其中选择"DSQC 651 Combi　I/O Device"，修改 DSQC651 的地址为"10"。

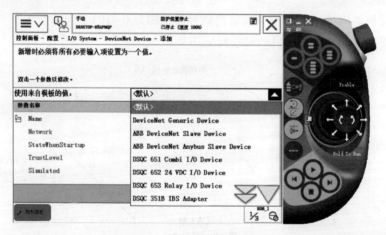

图 5-38　添加 DSQC651 板卡

以下是操作过程中相关参数的说明：

（1）定义电流控制信号 AoWeldingCurrent

ABB 工业机器人模拟量输出采用的是 16 位输出，位值为 65535，表示 10V 输出，位值为 0 表示 0V 输出，定义 AoWeldingCurrent 时各参数设置见表 5-24。

（2）定义电压控制信号 AoWeldingVoltage

定义时各项参数设置步骤见表 5-25。

（3）模拟量校正

进行模拟量校正时，先校正焊接电流模拟量，再校正焊接弧长电压模拟量。以焊接电流模拟量为例说明，按如下步骤进行校正。

表 5-24　定义 AoWeldingCurrent 时各参数设置

图　示	说　明
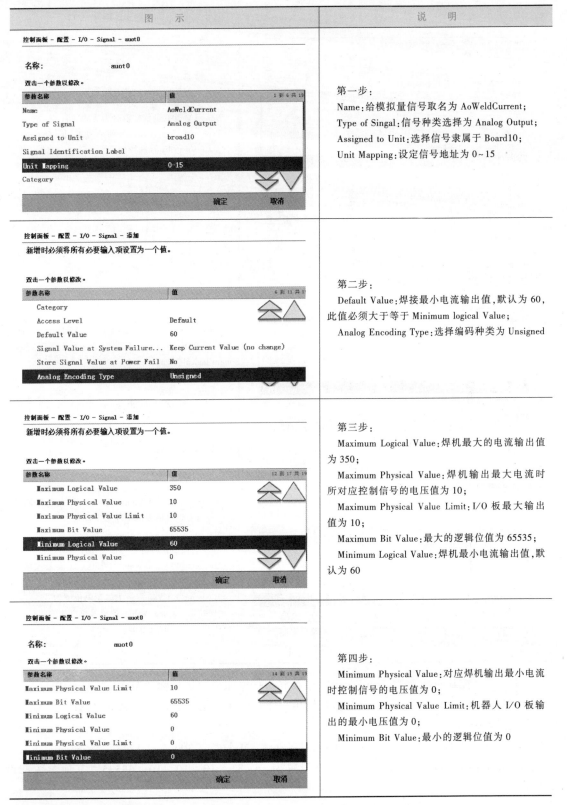	第一步： Name：给模拟量信号取名为 AoWeldCurrent； Type of Singal：信号种类选择为 Analog Output； Assigned to Unit：选择信号隶属于 Board10； Unit Mapping：设定信号地址为 0~15
	第二步： Default Value：焊接最小电流输出值，默认为 60，此值必须大于等于 Minimum logical Value； Analog Encoding Type：选择编码种类为 Unsigned
	第三步： Maximum Logical Value：焊机最大的电流输出值为 350； Maximum Physical Value：焊机输出最大电流时所对应控制信号的电压值为 10； Maximum Physical Value Limit：I/O 板最大输出值为 10； Maximum Bit Value：最大的逻辑位值为 65535； Minimum Logical Value：焊机最小电流输出值，默认为 60
	第四步： Minimum Physical Value：对应焊机输出最小电流时控制信号的电压值为 0； Minimum Physical Value Limit：机器人 I/O 板输出的最小电压值为 0； Minimum Bit Value：最小的逻辑位值为 0

表 5-25　定义电压控制信号 AoWeldingVoltage 参数设置步骤

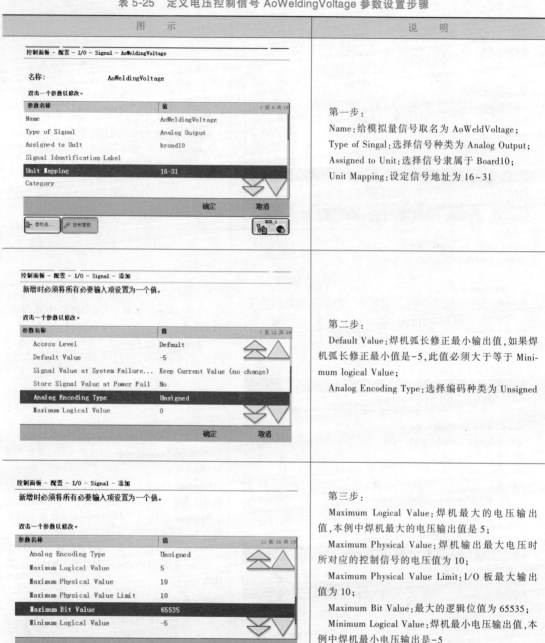

图　示	说　明
控制面板 − 配置 − I/O − Signal − AoWeldingVoltage 名称：　AoWeldingVoltage 双击一个参数以修改。 参数名称　　　值　　1 到 6 共 19 Name　　　AoWeldingVoltage Type of Signal　　　Analog Output Assigned to Unit　　　broad10 Signal Identification Label Unit Mapping　　　16-31 Category 确定　　取消	第一步： Name：给模拟量信号取名为 AoWeldVoltage； Type of Singal：选择信号种类为 Analog Output； Assigned to Unit：选择信号隶属于 Board10； Unit Mapping：设定信号地址为 16~31
控制面板 − 配置 − I/O − Signal − 添加 新增时必须将所有必要输入项设置为一个值。 双击一个参数以修改。 参数名称　　　值　　1 到 12 共 19 Access Level　　　Default Default Value　　　-5 Signal Value at System Failure... Keep Current Value (no change) Store Signal Value at Power Fail　No Analog Encoding Type　　　Unsigned Maximum Logical Value　　　0 确定　　取消	第二步： Default Value：焊机弧长修正最小输出值，如果焊机弧长修正最小值是-5，此值必须大于等于 Minimum logical Value； Analog Encoding Type：选择编码种类为 Unsigned
控制面板 − 配置 − I/O-Signal − 添加 新增时必须将所有必要输入项设置为一个值。 双击一个参数以修改。 参数名称　　　值　　11 到 16 共 19 Analog Encoding Type　　　Unsigned Maximum Logical Value　　　5 Maximum Physical Value　　　10 Maximum Physical Value Limit　　　10 Maximum Bit Value　　　65535 Minimum Logical Value　　　-5 确定　　取消	第三步： Maximum Logical Value：焊机最大的电压输出值，本例中焊机最大的电压输出值是 5； Maximum Physical Value：焊机输出最大电压时所对应的控制信号的电压值为 10； Maximum Physical Value Limit：I/O 板最大输出值为 10； Maximum Bit Value：最大的逻辑位值为 65535； Minimum Logical Value：焊机最小电压输出值，本例中焊机最小电压输出是-5

1）在"控制面板-配置-I/O-Singal"中找到焊接电流模拟量名称"AO10_2CurrentReference"（焊接电流是 DSQC651 模块第二路模拟量输出，弧长电压是第一路输出，名称可修改），双击进入参数设置画面。

2）把 Unit Mapping、Maximum Logical Value、Maximum Physical Value、Maximum Physical Value Limit、Maximum Bit Value 分别设置为 16~31、10、10、10、65535，其他参数都设置为 0。

3）设置完成，单击"确认"，退出参数修改画面，根据提示重启系统。

4）单击"输入输出"→"视图"→"全部信号"，选择信号"AO10_2CurrentReference"，单击 123... 图标，可在窗口输入数据。更改数据时，焊机上显示的焊接电流随之变化。焊机最小焊接电流是60A，最大焊接电流是350。从小到大更改"AO10_2CurrentReference"的数值，找到焊接电流分别是60、350对应的"AO10_2CurrentReference"值，并记录下来。记录实验数据见表5-26。

表5-26　实验数据

名称	焊接电流	AO10_2CurrentReference
数据	60~350	1.55~9.1

根据表5-26，计算出

Minmum Bit Value = 1.55×65535/10 = 10158

Maximum Bit Value = 9.1×65535/10 = 59637

5）根据校正的结果，修改"AO10_2CurrentReference"参数值，结果见图5-39，修改完成后重启系统。

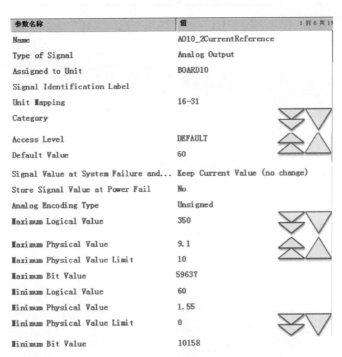

参数名称	值	1 到 6 共 19
Name	AO10_2CurrentReference	
Type of Signal	Analog Output	
Assigned to Unit	BOARD10	
Signal Identification Label		
Unit Mapping	16-31	
Category		
Access Level	DEFAULT	
Default Value	60	
Signal Value at System Failure and...	Keep Current Value (no change)	
Store Signal Value at Power Fail	No	
Analog Encoding Type	Unsigned	
Maximum Logical Value	350	
Maximum Physical Value	9.1	
Maximum Physical Value Limit	10	
Maximum Bit Value	59637	
Minimum Logical Value	60	
Minimum Physical Value	1.55	
Minimum Physical Value Limit	0	
Minimum Bit Value	10158	

图5-39　AO10_2CurrentReference参数

6）再次进入"输入输出"画面给信号"AO10_2CurrentReference"赋值，观察焊机上显示的焊接电流和机器人示教器侧是否一致。例如输入80、200，焊机的焊接电流是否也显示为80、200。一般误差不会大于1，说明校正非常成功。

7）校正焊接弧长电压模拟量。焊接弧长电压模拟量的校正方法和焊接电流模拟量的校正方法一致，请参考焊接电流模拟量校正步骤。

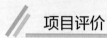 课后练习

尝试离线模拟量校正方式，校正下弧焊工作站的电流和电压。

项目评价

项目评价见表 5-27。

表 5-27 项目评价

序号	学习要求	学习评价				备注
		学会实操	掌握知识	仅仅了解	需再学习	
1	了解典型工业机器人搬运工作过程					
2	学会工业机器人搬运程序编写与调试					
3	学会工业机器人搬运离线程序的编写及调试					
4	了解典型工业机器人码垛工作过程					
5	学会工业机器人码垛程序编写与调试					
6	学会工业机器人码垛离线程序编写及调试					

参 考 文 献

［1］ 张超，张继媛. ABB 工业机器人现场编程［M］. 北京：机械工业出版社，2017.

［2］ 叶晖，管小青. 工业机器人实操与应用技巧［M］. 北京：机械工业出版社，2010.

［3］ 叶晖，何志勇. 工业机器人工程应用虚拟仿真教程［M］. 北京：机械工业出版社，2014.

［4］ 叶晖. 工业机器人典型应用案例精析［M］. 北京：机械工业出版社，2013.

［5］ 胡伟. 工业机器人行业应用实训教程［M］. 北京：机械工业出版社，2016.